„Gott zur Ehr, dem Nächsten zur Wehr."
Zur Geschichte der Feuerwehr in Bayerisch-Schwaben.

Staatliche Archive Bayerns

Kleine Ausstellungen

Nr. 16

„Gott zur Ehr, dem Nächsten zur Wehr"

Zur Geschichte der Feuerwehr in Bayerisch-Schwaben.

Eine Ausstellung des Staatsarchivs Augsburg.

München 2000

Staatliche Archive Bayerns – Kleine Ausstellungen
hrsg. von der Generaldirektion der Staatlichen Archive Bayerns

Schriftleitung: Albrecht Liess

Nr. 16 „Gott zur Ehr, dem Nächsten zur Wehr." Zur Geschichte der Feuerwehr in Bayerisch-Schwaben.
Eine Ausstellung des Staatsarchivs Augsburg

Konzeption: Reinhard Heydenreuter
Texte: Reinhard Heydenreuter, Hermann Schweiger, Thomas Steck und Günter Steiner

Staatsarchiv Augsburg, ab 20. Juni 2000

Satz und Gestaltung: Karin Werth

Bezugsadressen: Staatsarchiv Augsburg, Salomon-Idler-Straße 2, 86159 Augsburg, Bayerisches Hauptstaatsarchiv, Postfach 22 11 52, 80501 München

Titelbild: Katalog Nr. 70

Druck: Danuvia Druckhaus Neuburg GmbH, 86633 Neuburg a.d. Donau

ISSN 1434-9868

ISBN 3-921635-58-6

Inhalt

Zum Geleit

In Augsburg finden im Juni 2000 mehrere überregional bedeutende Veranstaltungen statt, die dem Feuerwehrwesen gewidmet sind. Vom 20. bis 25. Juni beherbergt Augsburg den vom Deutschen Feuerwehrverband veranstalteten 27. Deutschen Feuerwehrtag, der hier zuletzt 1862 zu Gast war. Gleichzeitig wird auf dem Augsburger Messegelände die internationale Fachmesse „Interschutz" präsentiert. Der Feuerwehrweltverband feiert in dieser Zeit sein 100-jähriges Jubiläum in Augsburg. Zahlreiche Begleitveranstaltungen, wie etwa die 18. Straßenradweltmeisterschaft der Feuerwehren oder eine große Kundgebung im Rosenau-Stadion mit Umzug machen Augsburg in dieser Zeit zum Zentrum der europäischen Feuerwehrwelt.

Historisch gesehen ist Augsburg ein würdiger Ort für die genannten Veranstaltungen. In Augsburg wurde 1849 nicht nur die erste Freiwillige Feuerwehr Bayerns gegründet, auch sonst haben Augsburg und Bayerisch-Schwaben bei der Entwicklung des Feuerwehrwesens in Bayern eine bedeutende Rolle gespielt. Daher hat sich das Staatsarchiv Augsburg entschlossen, als Beitrag zum Deutschen Feuerwehrtag 2000 die Geschichte des Feuerwehrwesens in Bayerisch-Schwaben anhand von Dokumenten näher zu beleuchten. Der vorliegende Katalog bietet über den aktuellen Ausstellungsanlass und die Exponatbeschreibungen hinaus nicht nur Beiträge zur schwäbischen Feuerwehrgeschichte, er soll auch dem Benützer des Staatsarchivs eine erste Anleitung an die Hand geben, was er zum Thema Feuerwehr im Staatsarchiv finden könnte. Daher wurde bei der Auswahl der Exponate auch Wert auf weniger spektakuläre „alltägliche" Dokumente gelegt.

Die Ausstellung wurde angereichert durch Leihgaben des Feuerwehrmuseums Kaufbeuren, der Universitätsbibliothek Augsburg, des Stadtarchivs Augsburg, des Archivs der Bayerischen Akademie der Wissenschaften, der Freiwilligen Feuerwehr Burtenbach, der Freiwilligen Feuerwehr Günzach sowie von Herrn Heribert Riegl. Allen Leihgebern sei herzlich gedankt. Gedankt sei auch Herrn Archivdirektor Dr. phil. habil Reinhard Heydenreuter und allen weiteren Mitarbeitern des Staatsarchivs Augsburg, ohne deren spontanes (weit über ihre Dienstpflichten hinausgehendes) Engagement die Ausstellung nicht machbar gewesen wäre. Dies gilt vor allem für die Katalogautoren Archivamtmann Hermann Schweiger, Archivoberinspektor Thomas Steck und Archivoberinspektor Günter Steiner. Die technische Abwicklung der Ausstellung wurde durch die prompte Hilfe des Hauses der Bayerischen Geschichte sehr erleichtert. Die Gestaltung und der Aufbau der Ausstellung lag in den Händen von Herrn Walter Vemmer.

Zugleich mit dieser Ausstellung tritt auch der „Freundeskreis des schwäbischen Staatsarchivs“ an das Licht der Öffentlichkeit. Er hat die Aufgabe, für die Geschichte von Bayerisch-Schwaben zu werben und insbesondere durch selbstständige Initiativen das „Schatzhaus der Schwäbischen Geschichte“ zu fördern. Ich danke dem Verein nicht nur für seine finanziellen Zuwendungen, sondern darf gleichzeitig alle Interessierten um Unterstützung der Vereinstätigkeit bitten.

Prof. Dr. Hermann Rumschöttel
Generaldirektor der Staatlichen Archive Bayerns

Reinhard Heydenreuter

Zur Geschichte der Brandbekämpfung in Bayerisch-Schwaben

1. Feuerschutz und Brandbekämpfung im Alten Reich

Schon in den Stadtrechten und städtischen Verordnungen des Mittelalters finden sich zahlreiche Bestimmungen über das feuersichere Bauen, über Feuerschutz, über Feuerbeschau oder über das Verhalten im Brandfall. Das Augsburger Stadtrecht von 1276 verpflichtet beispielsweise die Weinträger der Stadt (als Inhaber von Bottichen), bei einem ausbrechenden Brand das Wasser zum Löschen herbeizuschaffen. Vor allem die Bauweise wurde in den Städten aus Gründen des Brandschutzes schon im hohen Mittelalter stark reglementiert. Im Stadtbuch der Stadt Kempten findet sich aus Anlass eines Stadtbrandes 1358 die Bestimmung, dass die Dächer mit Ziegel zu decken sind und das Flechtwerk mit Lehm abgedeckt werden musste. So verschwanden in der Stadt schon im Mittelalter die Stroh- und Schindeldächer. Auf dem Land brachte erst die Einführung der Brandversicherung diese Änderung der Bauweise. Die Ziegel lieferte die Stadt aus den städtischen Ziegelöfen. Die Förderung der Stein- und Ziegelbauweise in den Städten führte zur Anstellung von Ziegelmeistern und zum Entstehen eines Ringes von Ziegelöfen rings um die Städte. Zur Brandvorsorge gehörten auch die Anlegung von Wasserleitungen und Brunnen und die Anschaffung von (ledernen) Löschkübeln. In vielen Stadtrechten war die Neuaufnahme von Bürgern an die Anschaffung von Feuerkübeln gebunden. Bei der in der Regel zweimal jährlich vorzunehmenden Feuerschau mussten auch die Feuerkübel vorgewiesen werden. Bei der Brandwarnung und Vorbeugung spielten die Türmer und die Nachtwächter die entscheidende Rolle. Wichtig waren etwa die rechtzeitigen „Sturmwarnungen", durch die man die Bewohner bei einer gewissen Windstärke zum Löschen ihrer Herdfeuer aufforderte. Auch die Nachtwächter hatten in den Städten vor allem auf mögliche Brände zu achten. In der Feuerordnung von Dillingen vom Jahre 1738 werden die Pflichten der Türmer und Nachtwächter wie folgt umschrieben: „Sobalden der Thurner einiges Feuer gewahr wird, es seye ein brennender Camin oder ein anderer verdächtiger Brand, solle derselbe sogleich dem bisherigen Gebrauch nach, Sturm schlagen und gegen die Seiten, wo das Feuer zu sehen, bei Tag ein rotes Fähnlein, bei der Nacht aber ein Latern mit brinnendem Liecht zum Thurn aushängen und dise nicht ehender widerumen einziehen, bis zuvor das Feuer gelöschet und ihme darzu der Befehl gegeben seyn wird. Wann aber die Nachtwächter oder jemand von der Burgerschaft, auch eine andere Person in der Stadt dergleichen Brand vor dem Thurner ansichtig werden, sollen selbige davon bey der Haubt-Wacht die schleinigste Anzeig thun und alldorten von dem Tambour, gleichwie auch auf des Thurners gegebenes Zeichen Allarm geschlagen und darauf ein gleiches von denen Stadt-Tambours durch alle Gassen der Stadt und Vorstadt beobachtet werden." Eine wichtige Rolle spielen in diesem Zusammenhang auch die Kaminkehrer, die über die Inspektion und Säuberung der Kamine dem Rat regelmäßig Bericht erstatten mussten. In einem Dekret des Domkapitels Augsburg vom 14. Juni 1765 wird den Untertanen die Wichtigkeit der Kaminkehrer nahe gebracht: „... Weilen sich veroffenbahret, daß die mehrers Feursbrunsten daher entstehen, daß die Unterthanen die Camine durch die aufgestellte Caminfeger nicht kehren lassen, als wirdet samentlichen diesseitigen Landbeamten andurch aufgetragen, ihren anvertrauten Unterthanen nicht nur nach Empfang dessen, sonderen Jährlich die herrschafftliche ernstgemessene Verordnung dahin zu publiciren, daß sie die Camine durch die obrigkeitlich aufgestellte Schlottfeger das Jahr hindurch wenigstens zweymahl bey unaußbleiblich und von Amtswegen gegen die Saumselige sogleich vorzukehrenden scharpfen Bestraffung kehren lassen sollen ..."

2. Die Brandschutzversicherung

Bis in die zweite Hälfte des 18. Jahrhunderts half man den abgebrannten Untertanen in der Regel durch einen (meist dreijährigen) Steuer- und Abgabennachlass, die Ausstellung von Brandbriefen zur Sammlung von mildtätigen Beisteuern (Brandsteuersammlung), die Durchführung von Kirchenkollekten und mit freiwilligen Beiträgen aus landes- oder grundherrlichen Kassen. Bei diesen Maßnahmen hing alles vom guten Willen der Obrigkeit, vom Fleiß und der Ehrlichkeit der Sammler ab. Betrügereien mit gefälschten Brandbriefen waren an der Tagesordnung.

Die erste Gebäudebrandschutzversicherung in Bayern wurde 1754 im Markgraftum Ansbach eingerichtet. Es folgten 1768 das Hochstift

Würzburg und 1776 das Hochstift Bamberg. In der zweiten Hälfte des 18. Jahrhunderts setzte sich auch in Oberschwaben der Gedanke einer Brandversicherung durch. Die Reichsritterschaft in Schwaben des Viertels an der Donau machte ihren Mitgliedern 1783 den Vorschlag einer Feuer-Societät und bereits am 15. März 1784 konnte man in der Reichsstadt Ulm eine „Reichs-Ritterschaftlich Canton Donauische Brandversicherungs-Ordnung" beschließen. Im Hochstift Augsburg erließ Kurfüst und Bischof Clemens Wenzeslaus am 28. April 1786 nicht nur eine fürstlich-augsburgische Feuer-Ordnung, sondern auch eine fürstlich-augsburgische Versicherungs-Ordnung. 1787 errichteten einige Reichsabteien, darunter Elchingen, Irsee, Kaisheim, Roggenburg, Wettenhausen und St. Ulrich und Afra „Gesellschaftliche Brandschadens-Versicherungs-Anstalten". 1792 errichtete Ottobeuren ein eigenes Brandversicherungsinstitut.

Der Eintritt in die jeweilige Brandversicherung war zwar prinzipiell freiwillig, doch wurden die bisher üblichen Steuer- und Abgabenbefreiungen für alle Untertanen abgeschafft und Brandkollekten untersagt, was natürlich den Eintritt in die Versicherung fast schon obligatorisch machte. Darüber mussten, wie die reichsprälatischen Bestimmungen über die Brandversicherung vorsahen, alle Eigentümer, die nicht Mitglied waren, ihre Häuser innerhalb von drei Jahren auf ihre Kosten wieder aufbauen, „besonders aber die mit Stroh gedeckten nicht eingeschriebene Gebäude ... ohne weiteres mit Ziegeln, Platten oder sogenannten weissen Schiefersteinen ... decken, wo sonst nach Verlauf der drei Jahren Grund und Boden an den Meistbietenden öffentlich versteigert werden solle".

Im Kurfürstentum Bayern wurde mit Verordnung vom 17. September 1799 eine Brandversicherungsgesellschaft eingerichtet, um „dem Brandgeschädigten in seinem Notstande eine tätige Hilfe zu leisten, den Anbau vieler wüster Stellen zu erleichtern." Mit dem 1. Januar 1800 sollte die Assekuranz mit einem eingeschriebenen Kapital von 10 Millionen Gulden ins Leben treten. Die Pfarrer wurden angewiesen, dem Volk von der Kanzel aus die neue Versicherung schmackhaft zu machen.

Durch die territorialen Veränderungen im Zuge der napoleonischen Kriege befanden sich innerhalb des Königreichs Bayern die verschiedensten Brandversicherungsgesellschaften. Sie wurden nun mit Verordnung vom 23. Januar 1811 zu einer allgemeinen Anstalt zusammengefasst, die auf dem Grundsatze der Gegenseitigkeit beruhte. Sie nahm ihre Tätigkeit am 1. Oktober 1811 auf. Obligatorisch versichert werden mussten die Gebäude des Staates und der Gemeinden, die Gebäude der unter Vormundschaft stehenden Personen, die Gebäude im Stiftungseigentum sowie die zu einer Pfarrei gehörenden Gebäude. Für jede Gemeinde wurden jetzt Brandassekurranz-Grundbücher angelegt, aus denen sich noch heute für die Hausforschung interessante Hinweise ergeben. Insbesondere zeigt sich, dass die Häuser in der ersten Hälfte des 19. Jahrhunderts in vielen Gemeinden noch überwiegend mit Stroh gedeckt und aus Holz (Fachwerk) gebaut waren.

Die Hauptrechnungen der allgemeinen Brandversicherungsanstalt wurden jährlich in den Regierungsblättern mit einer Einzelübersicht der Brandschäden abgedruckt. Im Rechnungsjahr 1812/13 betrugen die Einnahmen bereits 757.569 fl. und die Ausgaben 451.082 fl. Den größten Brandschaden in Schwaben erlitt damals Joeph Anton Klöck und 7 weitere Bürger von Nesselwang. Ihnen wurden 14.904 fl. ausgezahlt.

Da der Mindestanschlag für jedes Gebäude 1811 auf 30 Gulden festgelegt war, wurden die meisten Gebäude nicht nur zu gering versichert, sondern es bot sich auch die Möglichkeit, das Gebäude zusätzlich (und mehrfach) bei auswärtigen Gesellschaften zu versichern. Diese Möglichkeit wurde 1834 wegen der vielen betrügerischen Brandstiftungen abgeschafft.

Genaue Bestimmungen zur Brandversicherung traf das Gesetz vom 28. Mai 1852. Nun folgte man dem schon bei der Gründung der Brandversicherung besonders von fränkischer Seite aus geäußerten Wunsch nach genauerer Klassifikation des Schadensrisikos. Die Brandversicherung sollte nun noch größeren Einfluss als bisher auf die Bauweise der Gebäude gewinnen, da die Beiträge der Mitglieder vom Anteil der brennbaren Teile eines Gebäudes und der Feuergefährlichkeitsklasse abhing. In die Erste von vier Klassen der Bauarten kamen die massiven Gebäude, die ganz mit Stein oder Metall gedeckt waren, in die Zweite die Fachwerkhäuser, welche ganz mit Stein oder Metall gedeckt waren usw. Daneben gab es noch vier Abstufungen der besonderen Feuergefährlichkeit; zur dritten Stufe gehörten etwa Theater, zur vierten und gefährlichsten Stufe gehörten u.a. Gebäude mit Anlagen zur Harz- und Schmierbrennerei oder Leder-Lackieranstalten.

3. Vom Wettersegen zum Blitzableiter

Ein Großteil der Feuer auf dem Lande wurde durch Blitzschlag verursacht, was seit dem Mittelalter zu den verschiedensten Formen des Wetteraberglaubens führte. Das Wetterläuten wurde vom Augsburger Bischof Clemens Wenzeslaus 1784 abgeschafft. Das Wetterschießen wurde in der kurpfalzbaierischen Provinz Schwaben 1804 untersagt, konnte aber lange nicht ausgerottet werden. Der Aberglaube gegenüber dem Feuer spiegelt sich auch in der hochstiftisch-augsburgischen Feuerordnung von 1786 wieder, wo es heißt: „Giebts leider! noch so abergläubisch und unwissenden Leute, die auf heimlich-unbegreiflich- und unerlaubten Mitteln beim Löschen das vorzüglichste Vertrauen setzen, sich sofort mit Absprechung abergläubischer Formelen der sogenannten Feuersegen abgeben, auch verschiedenen Wurzlen und anderen Dingen mehr gebrauchen ..."

Mitte des 18. Jahrhunderts wurde durch Benjamin Franklin in den Vereinigten Staaten und gleichzeitig durch Proko Divisch, Geistlichem zu Prendlitz bei Znaim in Mähren, der Blitzableiter erfunden. Franklins Erfindung wurde über Hamburg schnell in Deutschland populär. In Mannheim befasste sich seit 1769 der Hofkaplan und Geistliche Rat Johann Jakob Hemmer im Rahmen der Kurpfälzischen Akademie der Wissenschaften mit den Problemen des Blitzschutzes. Kurfürst Karl Theodor ordnete 1776 die Errichtung von Blitzableitern auf den Schlössern und Pulvertürmen des Landes an. Der Erste dieser Blitzableiter wurde noch im gleichen Jahr auf dem Schloss in Trippstadt bei Kaiserslautern installiert. Nach seinem Regierungsantritt in Bayern bemühte sich Karl Theodor auch dort um die Einrichtung der Blitzableiter. Am 23. Dezember 1784 erließ er ein Mandat über die Errichtung der „Wetterableiter", in dem vorgeschrieben war, dass „... bei Erbauung neuer oder Reparirung alter Kirchenthürme die Wetterableiter gelegenheitlich angebracht werden ..." In Schwaben installierte als Erster 1783 der Augsburger Jakob Langenbucher einen Blitzableiter. 1791 baute der Mathematiker und Mechaniker Pater Augustin Drichtler, Kanoniker in St. Ulrich und Afra in Augsburg in den Turm von St. Ulrich und Afra einen Blitzableiter ein, der bis 1894 in Funktion war. Die Münchner Akademie der Wissenschaften und ihr Mitglied Kanonikus Imhof bemühten sich ebenfalls seit dem 80er-Jahren um die Entwicklung von Blitzableitern. Imhof stellte nach eigenen Angaben zwischen 1794 und 1815 über 1000 Blitzableiter im Kurfürstentum Bayern auf. Gerade die

Erfolge der Blitzableiter wurden um diese Zeit als Triumph des wissenschaftlichen Fortschritts gefeiert. Mit Verordnung vom 20. November 1815 wurde für das Königreich Bayern festgelegt, dass alle größeren Gemeinde-, Stiftungs- und Kirchengebäude nach und nach innerhalb der nächsten drei Jahre mit Blitzableitern versehen werden mussten. Die Kosten für die Ableiter auf den Kirchtürmen sollten je zur Hälfte aus Mitteln der Kirche und der Gemeinde bestritten werden. Zu dieser Verordnung schrieb im Auftrag der Akademie Kanonikus Imhof eine umfangreiche Abhandlung über die technischen Voraussetzungen für die Aufrichtung von Blitzableitern.

4. Vorbeugender Feuerschutz im Königreich Bayern

Neben den neuen Errungenschaften wie Blitzableiter und Brandversicherung bleiben im Königreich Bayern auch die traditionellen Feuerschutzmaßnahmen, wie etwa die Feuerbeschau, wichtige Anliegen der Verwaltung. Schon die kurbayerische Feuerordnung vom 30. März 1791 widmete sich ausführlichst dieser Materie und ordnete eine zweimalige jährliche Feuerbeschau an. In Schwaben ersetzte man die vielen territorialen Ordnungen durch die allgemeine Feuerordnung für die kurpfalzbaierische Provinz Schwaben vom 27. August 1804. In dieser finden wir etwa in § 70 die genaue Beschreibung einer Feuerpatsche, genannt „Löschwisch" (Besen aus Birkenreisig). Die schwäbische Feuerordnung blieb bis zur Verordnung vom 27. Juni 1862 in Kraft, die auf Grund von Art. 166 des Polizeistrafgesetzbuches erlassen wurde. Wie problematisch mit Rücksicht auf den Feuerschutz auch noch um diese Zeit das Flachs- und Hanfdörren war, zeigt der § 22 der Verordnung, der diese Tätigkeit „nur in isoliert gelegenen ... Backöfen oder in eigenen Dörrlocalen außer den Ortschaften" zulässt. „Das Bläuen, Brechen, Schwingen und Hecheln des Flachses und Hanfes soll nur bei Tag vorgenommen werden". Der Erlass von lokalen oder Distriktsfeuerlöschordnungen war in Art. 175 des Polizeistrafgesetzbuches vorgesehen. In ihnen sollte zunächst die Verpflichtung zum Feuerlöschdienst ausgesprochen werden. Auch die Anschaffung eines Feuerlöschgeräts war nun verpflichtend, nämlich „einer fahrbaren vierrädrigen Feuerspritze, welche einen Wasserstrahl mindestens 21 Meter weit treibt und mindestens 110 Liter Wasser per Minute auszuwerfen im Stande ist (Distriktspolizeiliche Feuerlöschordnung für den Amtsbezirk Lindau vom 1. Februar 1876).

5. Die Vereinsfreiheit und die Freiwilligen Feuerwehren

Zu den großen Errungenschaften der Revolution von 1848 gehörte auch die Anerkennung der Vereins- und Versammlungsfreiheit, wie sie etwa in Bayern in der Verordnung vom 12. August 1848, in den Landtagsverhandlungen von 1848/49 und schließlich im Gesetz vom 26. Februar 1850 zum Ausdruck kam, das sich in seinen Formulierungen auf die Frankfurter Grundrechte von 1848 bezog. Die entsprechenden Formulierungen finden sich fast wörtlich heute noch in den Bestimmungen des Grundgesetzes bzw. der bayerischen Verfassung: In Art. 1 des Gesetzes von 1850 heißt es: „Alle Staatsangehörigen haben das Recht, sich friedlich und ohne Waffen zu versammeln; einer besonderen Erlaubnis dazu bedarf es nicht" und Art. 11: „Die Staatsangehörigen haben das Recht, Vereine ohne vorgängige Erholung polizeilicher Erlaubnis zu bilden."

Die erste Gründung einer freiwilligen Feuerwehr im heutigen Bayern erfolgte am 10. April 1849 in Augsburg (Genehmigung der Statuten durch die Regierung von Schwaben und Neuburg) mit dem „Rettungsverein für Feuersgefahr", einem Verein, der bereits im Revolutionsjahr 1848 zusammenfand und der zunächst nur auf die Rettung von Menschen, Tieren und Gegenständen konzentriert war. Am 24. August 1849 wurde ein zusätzlicher Löschverein gegründet, der sich dann mit dem Rettungsverein zusammenschloss. Der 24. August 1849 wird als offizielles Gründungsdatum gefeiert. Andere Städte folgten nach, in Schwaben etwa Lindau (25. August 1854), Nördlingen (16. Januar 1855), Günzburg (30. Mai 1856) und Kempten (5. Juli 1856). In Augsburg wurde bei der Kattunfabrik am 12. Mai 1856 die erste bayerische Fabrikfeuerwehr gegründet. Diesem Beispiel folgte am 1. August 1856 die Kammgarnspinnerei Augsburg und am 1. Januar 1857 die Baumwollspinnerei und Weberei in Kempten. Die 1861 neu ins Leben gerufenen Bezirksämter versuchten auch die sonstigen Gemeinden für die Idee der freiwilligen Feuerwehr zu gewinnen. 1862 schreibt Karl Nar in seinem Handbuch der bayerischen Distrikts-Verwaltungs-Behörden von 1862: „In größeren Städten haben sich in neuerer Zeit freiwillige Vereine von jüngern Männern gebildet, welche sich die Aufgabe setzen, den ortspolizeilichen Anordnungen bei Löschung entstandener Brände als Hilfsorgane zu dienen ... Da bei diesen Vereinen in der Regel die Löschung und Rettung nach gewissen Plane und Systeme mit neuen technischen, erprobten Hilfsmitteln besorgt wird ... da ferner diese Rettungscorps in der Regel aus jungen kräftigen Männern bestehen, so ist ihre Verbreitung in größeren Gemeinden und Bezirken ein anzustrebendes Ziel."

Ausgehend von den schon bestehenden Vereinen kam es nun seit den 60er-Jahren zu einer Gründungswelle bei den Feuerwehren. Die erste Dorffeuerwehr in Bayern entstand 1862 in Zirndorf in Mittelfranken. Im gleichen Jahr gab es in Schwaben 7 Neugründungen in Städten und Märkten. Welche Dorffeuerwehr in Schwaben den Vorrang beanspruchen kann, bedarf noch der näheren Untersuchung. In der Folgezeit wurden die Distriktsverwaltungen mit Anträgen und Satzungsentwürfen geradezu überschüttet, wobei es offensichtlich dabei nicht nur um die Sache des Feuerlöschwesens ging, sondern auch um die gesellschaftlichen Aspekte der neuen Vereinsfreiheit. Dabei lassen sich bei den Anlässen für Vereinsgründungen und bei der Organisation und Zusammensetzung der Vereine immer wieder aus den Zeitumständen erklärbare modische Richtungen feststellen. So ist etwa die seit den 60er-Jahren sehr häufige Umwandlung von Turnvereinen in Turnerfeuerwehren bzw. die Neugründung von Turnerfeuerwehren mit Sicherheit auch auf die zunehmende Identifizierung der bürgerlichen Gesellschaft mit militärischen Idealen zurückzuführen. Typisch ist etwa der Antrag von 34 Einwohnern der Gemeinde Wasserburg an das Bezirksamt Lindau vom 1. Januar 1864 auf Bewilligung zur Bildung einer freiweilligen Turn- und Feuerwehr, wo es heißt: „ Die gehorsamst Unterzeichneten haben, um durch Turnübungen, Ausbildung der körperlichen Kräfte und Erhöhung des Selbstvertrauens zu erlangen, um vorkommenden Falls erstens für das Vaterland im allgemeinen eine kräftige Stütze zu bilden und zweitens der eigenen sowie den Nachbargemeinden bei allenfalsigen Brandunglücken rasche und kräftige Hilfe leisten zu können, dem Beispiele der schon bestehenden Vereine folgend, sich zur Aufgabe gemacht, eine freiwillige Turner- und Feuerwehr in Wasserburg zu errichten ..."

Die gemeindlichen Feuerwehrvereine schlossen sich bald auf Bezirksamtsebene (Landkreisebene) und auf Kreisebene (Regierungsbezirksebene) zusammen. Schon 1868 wurde der „Landesverein der sämtlichen Feuerwehren Bayerns", der spätere „Bayerische Landesfeuerwehrverband" ins Leben gerufen. Er hatte im kgl. Rat L. Jung seinen besonderen Förderer, der seit 1868 die „Zeitung für Feuerlöschwesen" als Organ des Verbandes herausgab.

Anhang

Feuerwehrgründungen in Schwaben bis einschließlich 1869

(erstellt nach dem vom Bayerischen Landesfeuerwehrverband herausgegebenen Verzeichnis der Freiwilligen Feuerwehren, Stand 1.6.1898)

Vorbemerkung

Bei verschiedenen Nachprüfungen und Forschungen im Staatsarchiv Augsburg im Zusammenhang mit Gründungsdaten von freiwilligen Feuerwehren hat sich gezeigt, dass das vorliegende Verzeichnis in vielen Fällen der Korrektur bedarf. Darüber hinaus fehlen offensichtlich manche Feuerwehrgründungen.

Augsburg	1849 VIII 24	Obergünzburg	1864 IV 8
Lindau (B)	1854 VIII 25	Göggingen	1864 VI 16
Nördlingen	1855 I 16	Höchstädt a.d. Donau	1865 V 21
Günzburg	1856 V 30	Donauwörth	1865 VI 11
Kempten	1856 VII 5	Wertach	1865 VIII 25
Kaufbeuren	1858 VIII 7	Blaichach	1865 VIII 25
Lauingen	1858 VIII 31	Buttenwiesen	1865 IX 1
Memmingen	1860 I 6	Oberhausen	1865 IX 1
Immenstadt	1860 V 1	Illertissen	1865 X 2
Oettingen i. Bay.	1860 VI 20	Leipheim	1865 XII 11
Füssen	1862 II 15	Vöhringen	1866 III 16
Neuburg a.d. Donau	1862 VI 29	Illereichen	1866 III 18
Mindelheim	1862 VII 18	Altenstadt	1866 III 18
Krumbach-Hürben	1862 VIII 20	Babenhausen	1866 V 3
Ichenhausen	1862 IX 1	Kaisheim	1866 V 16
Lindenberg i. Allgäu	1862 IX 2	Bäumenheim	1866 VI 3
Oberstaufen	1862 X 9	Gundelfingen	1867 III 6
Oberdorf	1863 I 20	Pfersee	1867 VII 1
Dillingen a.d. Donau	1863 II 23	Wertingen	1868 II 1
Nesselwang	1863 V 3	Neu-Ulm	1868 II 15
Sonthofen	1863 VI 14	Harburg	1868 V 1
Weiler i. Allgäu	1863 VIII 29	Jettingen	1868 V 30
Burgau	1863 XI 3	Kriegshaber	1868 X 21
Wemding	1864 III 12	Nonnenhorn	1868 XII 14

Dösingen	1869 I 22	Neuburg a.d. Kammel	1869 IX 26
Wiggensbach	1869 II 1	Gersthofen	1869 IX 29
Waal	1869 V 1	Glött	1869 X 15
Mauerstetten	1869 V I	Schwabmünchen	1869 X 25
Untrasried	1869 V 15	Großkötz	1869 XII 27
Pfronten-Kappel	1869 VIII 12		

Thomas Steck

Die Quellen zur Geschichte der Brandbekämpfung und des Feuerwehrwesens im Staatsarchiv Augsburg und ihre Benützung

1. Welche Bestände verwahrt das Staatsarchiv Augsburg?

Bevor auf die für das Feuerwehrwesen einschlägigen Quellen eingegangen wird, sei ein knapper Überblick über die Bestände des Staatsarchivs Augsburg vorausgeschickt. Sie lassen sich im Wesentlichen in Altbestände und in Bestände des 19. und 20. Jahrhunderts unterteilen.

1.1 Altbestände (vor 1803/06)

Unter Altbeständen sind die Bestände derjenigen historischen Territorien des ehemaligen Schwäbischen Reichskreises zu verstehen, die im Zuge der Säkularisation und der Mediatisierung zu Beginn des 19. Jahrhunderts an Bayern gefallen sind (Hochstift und Domkapitel Augsburg, Fürststift Kempten, Reichsstifte, Klöster, geistliche Ritterorden, Reichsstädte, Adelsherrschaften), ferner die Bestände der vorderösterreichischen Gebiete, der kurbayerischen Herrschaften sowie der an der oberen Donau gelegenen Unterbehörden des Fürstentums Pfalz-Neuburg auf dem Gebiet des heutigen Bayerisch-Schwaben.

Die im frühen 19. Jahrhundert auseinander gerissene, auf das Staatsarchiv Neuburg a.d. Donau (Sitz seit 1989: Augsburg) und das Bayerische Hauptstaatsarchiv in München aufgeteilte Überlieferung des Schwäbischen Reichskreises wurde vor wenigen Jahren im Staatsarchiv Augsburg wieder vereinigt. Vom Hochstift und Domkapitel Augsburg sowie vom Fürststift Kempten, als den flächenmäßig größten Alt-Territorien des Archivsprengels, wurden 1924 zahlreiche Archivalien von Neuburg nach München abgegeben. Diese Abgaben werden heute als „Neuburger Abgaben" (NA) bezeichnet, während die Bestände, die zu Beginn des 19. Jahrhunderts nach München gelangten und jetzt im Staatsarchiv Augsburg liegen, die Bezeichnung „Münchener Bestände" (MüB) führen.

1.2 Neuere Bestände (19./20. Jahrhundert)

Diese Bestände umfassen die schriftliche Überlieferung der staatlichen Behörden, Gerichte und sonstigen staatlichen Stellen des Regierungsbezirks Schwaben in seinem jeweiligen territorialen Zuschnitt. Dazu zählen insbesondere die Regierung von Schwaben, die Bezirksämter (ab 1939 Landratsämter), die Rentämter, die Forstämter, die Gesundheitsämter, die Landbauämter, die Amtsgerichte, die Landgerichte [neuerer Ordnung] und die Staatsanwaltschaften. Quantitativ besonders große Blöcke stellen auch die Bauplan- und die Katasterbestände dar, die jeweils gesondert aufgestellt sind.

Für den im Rahmen der Gebietsreform nach Oberbayern eingegliederten Landkreis Neuburg ist das Staatsarchiv Augsburg bis einschließlich 1972 zuständig (Stichtag: 30.6.1972), während für die Altlandkreise Aichach und Friedberg bis 1972 das Staatsarchiv München Ansprechpartner ist.

Zu den am häufigsten benutzten Beständen gehören die der Regierung, der Rentämter (Katasterunterlagen) und die der 1862 errichteten Bezirksämter. Diese Bestände enthalten auch Unterlagen von Vorgängerbehörden wie Landgerichten [älterer Ordnung] (1802–1862) oder Patrimonialgerichten (1808–1848/52). Für die Bestandsbildung und Bestandsverzeichnung sind die Altlandkreise vor 1972 maßgebend. Wenn also beispielsweise die Gemeinde Rückholz (heute: Verwaltungsgemeinschaft Seeg, Lkr. Ostallgäu; früher: Bezirksamt Füssen) Unterlagen zur Gründung der Freiwilligen Feuerwehr im Jahre 1887 sucht, muss im Bestand BA (Bezirksamt) Füssen gesucht werden.

1.3 Zeitgeschichtliche Dokumentation

Während die amtliche Überlieferung der Staatsbehörden im Rahmen der im Bayerischen Archivgesetz geregelten Aktenaussonderungen ins Staatsarchiv gelangt, sammelt das Staatsarchiv Augsburg (seit Mitte der 70er-Jahre) ergänzend Schrifttum wie Zeitungen, Gesetz-, Amts- und Mitteilungsblätter, Festschriften von Vereinen und Verbänden, Firmenschriften, Jahresberichte von Schulen u.Ä.

2. Welche Quellen speziell zum Brandschutz und zum Feuerwehrwesen liegen im Staatsarchiv Augsburg?

2.1 Altbestände

Grundsätzlich gilt, dass einschlägiges Material meist nicht ohne erheblichen Zeit- und Suchaufwand gefunden werden kann, sofern nicht ganz konkrete Hinweise (z.B. genaue Signatur, exaktes Datum eines Brandes) auf ein bestimmtes Ereignis oder eine bestimmte Tatsache vorliegen. Dafür gibt es im Wesentlichen zwei Gründe: Zum einen weisen die Inhaltsübersichten der Repertorien (Findbücher) in der Regel keinen Gliederungspunkt „Feuerpolizei" oder dergleichen auf; auch aus den Betreffen selbst lässt sich nicht immer direkt ein Bezug zum Brandschutz ableiten. Bei Bänden kommt zum anderen erschwerend hinzu, dass diese zwar oft über Personen- oder Ortsregister oder beides verfügen, aber nur selten über Sachregister. Dem Bemühen der Landesherren, ihr Territorium vor Feuergefahr zu schützen, verdanken die *Feuerordnungen* ihr Entstehen. Nicht selten ist auch der Ausbruch einer Feuersbrunst für die Obrigkeit der Auslöser dafür, eine solche Ordnung zu erlassen, wie etwa bei der erneuerten Feuerordnung der Reichsstadt Memmingen von 1765 (Reichsstadt Memmingen Akten 31). Weitere, zum Teil sehr frühe Feuer(lösch)ordnungen aus dem Jahr 1556 sind von den Städten Dillingen (Hochstift Augsburg NA Akten 35) und Füssen (Hochstift Augsburg NA Akten 2406d), Oettingen (1677, Regierung Oettingen-Oettingen Akten 17) und von der Reichsstadt Kempten (1798, Reichsstadt Kempten Akten 14) überliefert.

Zu beachten ist, dass Feuerordnungen auch Teil einer *Polizeiordnung* oder einer *Bauordnung* sein können. So weisen z.B. die Polizeiordnungen der Herrschaft Biberbach aus dem 17. Jahrhundert (Adel, Fugger-Babenhausen 114) oder der Reichsstadt Augsburg von 1735 (Reichsstadt Augsburg MüB 47a) ebenso feuerpolizeiliche Bestimmungen auf wie die Bauordnungen der Reichsstadt Augsburg von 1558 und 1740 (Reichsstadt Augsburg Akten 20/21).

Als in der zweiten Hälfte des 18. Jahrhunderts der Gedanke der Brandversicherung aufkommt, entstehen sog. *Brandversicherungsordnungen*, etwa im Bereich der Fürstentümer Oettingen-Oettingen und Oettingen-Spielberg, im Hochstift Augsburg und in der Reichsabtei Ottobeuren (Regierung Oettingen-Spielberg Akten 20, Hochstift Augsburg NA Akten 702, Kloster Ottobeuren Akten 665).

Eine Archivaliengattung, die hinsichtlich ihrer Auswertungsmöglichkeiten gerne unterschätzt wird, stellen die *Rechnungen* dar. Die für die Anschaffung einer Feuerspritze erforderlichen Ausgaben etwa werden in der zutreffenden Ausgabenrubrik verbucht. Unter Umständen finden sich sogar eigenhändig ausgestellte Belege des Spritzenherstellers.

Aufgrund der meist fehlenden Sachregister nur äußerst mühsam benützbar sind die verschiedenen Serien von *Protokollen*. Während in den *Verhörprotokollen* neben Angelegenheiten der streitigen Zivilgerichtsbarkeit Straftaten minderschwerer Art (darunter auch feuerpolizeiliche Vergehen) protokolliert wurden, können in den *Hofratsprotokollen* Delikte aufscheinen, für die das Hochgericht zuständig war. Prinzipiell wäre also hier der Straftatbestand der Brandstiftung zu suchen.

Schilderungen von Bränden finden sich auch in *Hofkammerprotokollen*. Dies erklärt sich dadurch, dass Abgebrannte nach dem Totalbrand ihres Anwesens zum Wiederaufbau eine nicht unerhebliche Menge Holz benötigten. Für die Genehmigung von Holzabgaben war im Fürststift Kempten – wie auch in anderen Territorien – als Zentralbehörde die Hofkammer zuständig. Ein eindrucksvolles Beispiel stellt der Brand im Anwesen des Baltus Kuen, Gotteshaushuber zu Eschach, im Jahr 1723 dar (Fürststift Kempten NA Lit. 2855).

Eine auch für die Volkskunde bedeutsame Quellengruppe sind die *Inventare*, die entweder eigenständig, als Beilage zu den Amtsrechnungen oder in sonstigen Bänden überliefert sein können. So führt beispielsweise die von dem Landschreiber Luger 1785 angefertigte, äußerst detaillierte Amtsbeschreibung der fürstlich-augsburgischen Pflege Rettenberg bei der Darstellung des Schlosses Fluhenstein unter den Inventargegenständen sechs Feuerkübel aus Leder und eine Feuerspritze aus Holz auf (Hochstift Augsburg NA Lit. 352).

Bestätigungen über stattgefundene Brände, die Notlage der davon Betroffenen und die Erlaubnis zum Betteln in der näheren Umgebung stellte die Obrigkeit den Abgebrannten in Form der sog. *Brandbriefe oder Brandattestate* aus, die im Übrigen auch Angaben über die Brandursache und den Brandverlauf enthalten. Überliefert sind mehrere solche Dokumente aus der zweiten Hälfte des 18. Jahrhunderts im Bestand Herrschaft Neuburg a.d. Kammel Akten, Karton 61. Da man die Abbrändler für gewisse Zeit auch durch einen Steuer- und Abgabennachlass unterstützte, müsste sich diese Maßnahme auch in Steuerregistern etc. niederschlagen.

Nur vereinzelt scheinen *Akten* über Brände, über die Beschaffung von Feuerspritzen und dergleichen vorzuliegen. Besonders hervorzuheben ist der Brand zu Denklingen vom 14./15. März 1791, bei dem ein Todesopfer zu beklagen war. In dem vom Kaufbeurer Kupferschmied Joseph Joachim Hieber verfassten Brandbericht sind auch die bereits in früheren Jahren von ihm gefertigten und ausgelieferten Feuerspritzen aufgelistet (Hochstift Augsburg NA Akten 2468). In den Bereich des Aberglaubens gehört der Akt über die Abschaffung des Wetterläutens und Wetterschießens (Hochstift Augsburg NA Akten 736). Hingewiesen sei noch auf eine Sammlung von Dekreten des Domkapitels Augsburg zum Feuerlöschwesen. Sehr anschaulich ist u.a. das Dekret vom 14. Juni 1765, in dem zum Kaminkehrwesen Stellung genommen wird (Hochstift Augsburg NA Akten 5401).

2.2. Neuere Bestände

2.2.1 Bezirksämter bzw. Landratsämter

Zweifellos die ergiebigste Quellengruppe für Nachforschungen zum Feuerwehrwesen bilden – in unterschiedlicher Überlieferungsdichte – die im Staatsarchiv Augsburg verwahrten Bestände der 20 Bezirksämter (ab 1939 Landratsämter). Zu folgenden Themen findet sich beispielsweise Material:

- Gründung Freiwilliger Feuerwehren
- Statuten (handschriftlich oder gedruckt)
- Ergebnisse der Wahlen von Vorstandschaften
- Mitgliederlisten
- Pflichtfeuerwehren
- Feuerlöschordnungen
- Feuerbeschau
- Lagerung feuergefährlicher Stoffe
- Untersuchung von Blitzableitern
- Feuersicherheit in Theatern, Kirchen, Versammlungslokalen
- Kaminkehrwesen (u.a. Besetzung von Kehrbezirken, Löhne)
- Anschaffung von Feuer– bzw. Motorspritzen
- Bau von Spritzen- oder Feuerlöschrequisitenhäusern
- Inspektion von Feuerwehren

- Zuschüsse an Gemeinden und Feuerwehren für Brandschutzzwecke
- Brandversicherungsangelegenheiten
- Verleihung von Orden und Ehrenzeichen
- Darstellung einzelner Brände
- Vorschriften über Feuerwehruniformen
- Statistiken
- Gesuche um Bewilligung zum Wiederaufbau von abgebrannten Wohnhäusern sowie um anderweitige Verwendung der Brandentschädigung
- kriegs- und nachkriegsbedingte Besonderheiten wie Auflösung von Vereinen, Unterstellung unter die Ortspolizei, Luftschutz, Entnazifizierung, Lizenzierung von Vereinen.

Die Akten enthalten auch Beilagen, etwa Pläne und Lithographien von Feuerlöschmaschinen, Fotos von Feuerwehrautos und -spritzen, Prospekte über Feuerlöscher, Motorspritzen, Rauchschutzmasken, Kataloge und Preislisten, aufwendig gestaltete Briefköpfe von Firmen oder Feuerwehren, Broschüren, Zeitungen oder Zeitschriften.

Was die Überlieferungssituation bei den einzelnen Bezirksämtern zum Themenkomplex Feuerpolizei und Feuerwehren betrifft, so ist sie bei den Bezirksämtern Augsburg, Dillingen, Mindelheim, Neu-Ulm, Wertingen und Zusmarshausen bislang äußerst dürftig – teilweise liegen auch überhaupt keine Unterlagen vor –, während sie bei den Übrigen als zufrieden stellend bis gut zu bezeichnen ist. Intensiv verzeichnet sind zum gegenwärtigen Zeitpunkt das Bezirksamt Illertissen und Teile des Bezirksamts Kempten.

Da die Inhaltsübersichten der Findbücher – zumindest was die Zeit bis 1945 angeht – derzeit noch großteils den Aufbau älterer Aktenpläne widerspiegeln, sind v.a. folgende Gruppen in Betracht zu ziehen:

- Feuerpolizei (Hauptgruppe: Allgemeine Landespolizei)
- (nichtpolitische) Vereine (Hauptgruppe: Allgemeine Landespolizei, Obergruppe: Sicherheit)
- Gemeindegebäude, -visitationen, -rechnungen (Hauptgruppe: Kommunal- und Stiftungswesen)

Bei Abgaben, die bereits nach dem Einheitsaktenplan für die bayerischen Gemeinden und Landratsämter geordnet sind, sollte man das Augenmerk v.a. auf folgende Aktenzeichen richten:

009: Titel, Orden und Ehrenzeichen

091: Feuerschutz (einschl. Feuerwehren); Gebäudebrandversicherung

134: Vereine, Versammlungen, Umzüge

137: Überwachung des Vollzugs der technischen Verordnungen.

2.2.2 Regierung

In diesem Bestand befinden sich v.a. nach Bezirksämtern bzw. kreisunmittelbaren Städten geordnete Sammelakten, ferner allgemeine Akten, die aber auch Feuerwehrangelegenheiten einzelner Orte betreffen können. Besonders hervorzuheben ist die Aktengruppe über das „Feuerlöschwesen im Kreis Schwaben und Neuburg" mit Organisationsunterlagen und gedruckten Jahresberichten (z.T. mit Gründungsdaten von Freiwilligen Feuerwehren!).

2.2.3 Baupläne

Unterlagen über Neu- oder Umbauten von Spritzen- oder Feuer(wehrgeräte)häusern mit zum Teil sehr anschaulichen, handgezeichneten Plänen liegen überwiegend in den Bauplanbeständen. Das für das Auffinden von Bauplänen wichtige Baujahr lässt sich – sofern sich die Pläne nicht über die Bauplankartei feststellen lassen – meist anhand der Katasterunterlagen ermitteln. Ferner findet man Baupläne auch in den Bezirksamtsbeständen (siehe oben).

2.2.4 Landbauämter

Einschlägiges Archivgut ist in diesen Beständen nur ganz vereinzelt anzutreffen. Genannt seien Akten über Blitzableiter, Gebäudebedekkungen und die Konstruktion von Kochherden (Landbauamt Donauwörth G 303–305).

2.2.5 Staatsanwaltschaften

Gelegentlich sind schwere Fälle von Brandstiftung in den Akten der Staatsanwaltschaften dokumentiert. Mitunter sind den Akten auch im Zusammenhang mit polizeilichen Ermittlungen hergestellte Fotos beigelegt, die vor Gericht als Beweiszwecke dienen.

2.3 Zeitgeschichtliche Dokumentation

2.3.1 Festschriften

In den 70er- und 80er-Jahren konnten viele Freiwillige Feuerwehren auf ein 100-jähriges, in den 90er-Jahren manche gar auf ein 125-jähriges Bestehen zurückblicken. Anlässlich dieser runden Jubiläen wurden in ganz Schwaben zahlreiche Festschriften erstellt, von denen eine große Zahl im Staatsarchiv Augsburg verwahrt wird.

2.3.2 Zeitungen

Traditionell wird in Zeitungen über besondere Unglücksfälle wie Brand- und Hochwasserkatastrophen ausführlich berichtet. Ferner sind auch die Einweihung von Feuerwehrhäusern, das Feiern von Feuerwehrjubiläen, die Ehrung von Funktionären, die sich um das Feuerwehrwesen verdient gemacht haben, Anlass dafür, dass die Öffentlichkeit von diesen Ereignissen und Persönlichkeiten erfährt.

Zeitungsbestände sind im Staatsarchiv Augsburg im größeren Umfang ab 1945 überliefert. Da die Bezirksamts- bzw. Landratsamtsbestände den Zeitraum ab 1970 bisher kaum abdecken, gewinnt der Quellentyp „Zeitungen" daher besonders an Gewicht.

2.3.3 Gesetz- und Verordnungsblätter, Rechtssammlungen

Die wichtigsten gesetzlichen Bestimmungen und ministeriellen Bekanntmachungen zum Feuerwehrwesen finden sich in den diversen Gesetz- und Verordnungsblättern bzw. Rechtssammlungen. Eine Auswahl an wichtigen Bestimmungen ist unter Angabe der Fundstellen im Anhang zum Katalog abgedruckt.

3. Ergänzende Hinweise

Biographische Informationen (z.B. über Erfinder von Feuerspritzen, Feuerwehrkommandanten, sonstige Persönlichkeiten) können gegebenenfalls anhand der folgenden Bestände ermittelt werden:

- Nachlassakten
- Ansässigmachungs- und Verehelichungsakten
- Kirchenbuchzweitschriften
- Gewerbekonzessionen

- Briefprotokolle
- Nachlassprotokolle

Handelt es sich bei der Freiwilligen Feuerwehr um einen eingetragenen Verein, so kann sich der Benützer auch an das für den jeweiligen Ort zuständige Amtsgericht wenden, das über einschlägige Vereinsregisterunterlagen verfügen müsste.

Jede Forschung über die Geschichte der Feuerwehr eines bestimmten Ortes sollte zunächst auf die Unterlagen vor Ort (z.B. Protokoll- und Dienstbücher der Freiwilligen Feuerwehr, Akten und Rechnungen der Gemeinde) zurückgreifen, da dieses Material – sofern vorhanden – mit Sicherheit den dichtesten Überlieferungsstrang darstellt. Die staatlichen Quellen können zwar die vor Ort vorhandenen Unterlagen sinnvoll ergänzen, über bestimmte Sachverhalte werden sie aber keine Aussagen treffen können. So sollte man sich vergegenwärtigen, dass das interne Vereinsleben (Feiern etc.) über staatliche Akten in der Regel kaum dokumentierbar ist.

Anhang

Sammlung ausgewählter Gesetze, Verordnungen und Bekanntmachungen zum Feuerwehrwesen in chronologischer Ordnung

- Feuerordnung der Stadt Füssen, 1556 (Hochstift Augsburg NA Akten 2406d)
- Bauordnung der Reichsstadt Augsburg, 1558 (Reichsstadt Augsburg Akten 20)
- Gemeinschaftliche Feuerordnung der Stadt Oettingen, 1677 (Regierung Oettingen-Oettingen Akten 17)
- Polizey-Ordnung der Herrschaft Biberbach (mit Feuerordnung), 17. Jh. (Adel, Fugger-Babenhausen 114)
- Bauordnung der Reichsstadt Augsburg (mit Feuerordnung), 1740 (Reichsstadt Augsburg Akten 21)
- Reichsstadt Memmingische Feuerordnung, 1765 (Reichsstadt Memmingen MüB 21 und Akten 31)
- Reichs-Ritterschaftlich Canton Donauische Brandversicherungs-Ordnung, 15.3.1784 (Kloster Ottobeuren Akten 665)
- Fürstlich-augsburgische Feuer- und Brandschaden-Versicherungsanstalten, 28.4.1786 (Hochstift Augsburg NA Akten 702)

- Gesellschaftliche Brandschadens-Versicherungs-Anstalten von verschiedenen Reichs-Abteien in Schwaben, 14.2.1787 (Kloster Elchingen Lit. 55)
- Oettingen-Oettingische und Oettingen-Spielbergische Brandversicherungsordnung, 1791 (Regierung Oettingen-Spielberg Akten 20)
- Feuerordnung der Reichsstadt Kempten, 1798 (Reichsstadt Kempten Akten 14)
- Verordnung über die Errichtung einer allgemeinen Brandschadensversicherungsanstalt in der kurpfalzbaierischen Provinz Schwaben, 3.8.1804 (RBl Schw., Sp. 601–622)
- Allgemeine Feuerordnung für die kurpfalzbaierische Provinz in Schwaben, 27.8.1804 (RBl Schw. 1804, S. 713–797)
- Verordnung über die Gründung der königlich bayerischen Brandversicherungsanstalt, 23.1.1811 (RBl 1811, S. 135 ff.)
- Verordnung über die Vermehrung der Blitzableiter, 20.11.1815 (RBl 1815, S. 971)
- Ministerialentschließung über den Vollzug der Feuerbeschau, 25.4.1838 (Weber III, S. 237–239; Döllinger XIII, S. 1036–1037)
- Verordnung über die Verhütung von Feuersgefahren, 27.6.1862 (KABl 1862, S. 1425–1431)
- Ministerialentschließung die Überhandnahme der Feuersbrünste betr., 20.8.1869 (Weber VIII, S. 266–267; KABl 1869, S. 1619)
- Ministerialentschließung über die Einführung des Metzschen Normalgewindes vom 30.1.1874 (Weber XI, S. 518)
- Ministerialentschließung über die Inspektion der Feuerwehren, 2.7.1874 (Weber X, S. 373–374)
- Ministerialentschließung über die Abgabe von ausgemusterten Lederhelmen an freiwillige Feuerwehren [aus Militärbeständen], 19.3.1875 (Weber X, S. 666)
- Ministerialentschließung über die Abgabe von ausgemusterten Militärmänteln an freiwillige Feuerwehren, 29.4.1875 (MBl 1875, S. 227–228)
- Ministerialentschließung über die Verwaltung des Fonds zur Förderung des Feuerlöschwesens, 28.1.1879 (Weber XII, S. 562–563)
- Ministerialentschließung über die Gründung eines bayerischen Landesfeuerwehrbüros, 21.12.1879 (Weber XIV, S. 286)

- Verordnung über die Stiftung eines Ehrenzeichens für Mitglieder der Feuerwehren, 24.6.1884 (Weber XVI, S. 553; GVBl 1884, S. 417–419)
- Ministerialentschließung über Prüfung und Richtigstellung der Normal-Spritzengewinde, 2.4.1889 (Weber XIX, S. 458–459)
- Verordnung über die Feuerbeschau, 17.6.1898 (GVBl 1898, S. 333–335; Weber XXVI, S. 49–51)
- Bekanntmachung über die Feuerbeschau, 19.6.1898 (GVBl 1898, S. 336–344)
- Bekanntmachung über die Verleihung des Ehrenzeichens für Mitglieder der Feuerwehren, 26.9.1899 (MBl 1899, S. 120–125)
- Verordnung über die Stiftung eines Feuerwehrverdienstkreuzes, 25.1.1901 (GVBl 1901, S. 127–128)
- Verordnung über die Feuerbeschau, 9.12.1936 (GVBl 1936, S. 237–240; BayBS I, S. 348–350)
- Gesetz über das Feuerlöschwesen, 23.11.1938 (RGBl I S. 1662–1663)
- 3. Durchführungsverordnung zum Gesetz über das Feuerlöschwesen vom 24.10.1939 (RGBl I, S. 2096)
- Gesetz über das Feuerlöschwesen, 17.5.1946 (GVBl 1946, S. 297–299)
- Verordnung zur Ausführung des Gesetzes über das Feuerlöschwesen vom 17. Mai 1946, 24.7.1950 (GVBl 1950, S. 112–115; BayBS I, S. 355–358)
- Gesetz über die Schaffung eines Feuerwehrehrenzeichens, 28.4.1953 (GVBl 1953 S. 48; BayBS I, S. 359)
- Verordnung über die Feuerbeschau, 12.12.1980 (GVBl 1980, S. 734–735)
- Bayerisches Feuerwehrgesetz, 23.12.1981 (BayRS 215-3-1-I, S. 630–636; GVBl 1981, S. 526–532; mehrfach geändert!)
- Erste Verordnung zur Ausführung des Bayerischen Feuerwehrgesetzes, 29.12.1981 (BayRS 215-3-1-1-I, S. 637–640)

Erläuterung der verwendeten Abkürzungen:

BayBS:	Bereinigte Sammlung des Bayerischen Landesrechts 1802–1956, 5 Bände, 1957
BayRS:	Bayerische Rechtssammlung 1802–1982, 5 Bände, 1985
Döllinger:	Georg Döllinger, Sammlung der im Gebiete der inneren Staatsverwaltung des Königreichs Bayern bestehenden Verordnungen ..., 20 Bände, 1835–1839

GVBl:	Gesetz- und Verordnungsblatt für das Königreich bzw. den Freistaat Bayern, seit 1938: Bayerisches Gesetz- und Verordnungsblatt
KABl:	Königlich-Bayerisches Kreisamtsblatt für Schwaben und Neuburg
MBl:	Amtsblatt des k. Staatsministeriums des Inneren
RBl Schw.:	Regierungsblatt für die kurpfalzbaierische Provinz Schwaben
RGBl:	Reichsgesetzblatt
Weber:	Karl Weber, Neue Gesetz- und Verordnungensammlung für das Königreich Bayern, 42 Bände, 1880–1919.

Günter Steiner

Zur Geschichte der Brandschutztechnik und der Beitrag Bayerisch-Schwabens hierzu

1. Feuerlöschmaschinen

Bereits in der Antike entwickelte man technisch anspruchsvolle Feuerlöschmaschen: Der griechische Techniker Ktesibios aus Alexandria erfand um 250 v.Chr. eine zweizylindrige, senkrecht stehende, manuell über Hebel betätigte Kolbenpumpe mit Saug- und Druckventilen aus Bronze und Heron von Alexandrien, Mathematiker und Techniker, beschrieb um 110 n. Chr. „Siphone" zur Brandbekämpfung. Es handelte sich um tragbare, zweizylindrige Kolbenpumpwerke aus Bronze mit Wasserkasten und einer Art Wendestrahlrohr. Die Kenntnisse der Antike gingen bald wieder verloren, denn Bischof Isidor von Sevilla berichtete 624 in seinen „Origines" über Siphone, die die Orientalen zum Feuerlöschen benützten, während sie im Abendland bereits vergessen waren.

Nach der Eroberung Konstantinopels 1453 wurden antike Schriften über die Pumpen des Ktesibios und Heron auch in Deutschland bekannt. Um 1500 bestand in Nürnberg eine leistungsfähige Feuerspritzenmanufaktur für die Herstellung kleinerer Stock- oder Handspritzen. Eine der ersten Nachrichten aus Bayerisch-Schwaben über Spritzen stammt aus dem Jahre 1517. Damals wurde dem Friedberger Goldschmied Anton Blattner durch die Reichsstadt Augsburg ein Vorschuss für eine fahrbare Spritze ausbezahlt. Im 16. Jahrhundert werden Feuerspritzen bereits in wissenschaftlichen Druckwerken vorgestellt. Als erstes Buch in deutscher Sprache, in dem zeitgenössische, große Feuerspritzen in Bild und Text eingehend dargestellt wurden, erschien 1614 in Leipzig das „Theatrum machinarum" des Heinrich Zeising mit drei Baumustern: Pumpe auf Rädern, Pumpe auf einer Schleife und das zweizylindrige Pumpwerk allein als tragbare Spritze. In Frankfurt am Main wurde 1615 das Buch „Die bewegenden Kräfte" des Ingenieurs Salomon de Caus gedruckt, eines der ersten Konstrukteure großer Feuerspritzen, worin eine einzylindrige Spritze auf einer Schleife abgebildet und beschrieben ist.

1602 verkaufte Philipp Heinrich von Aschhausen der Stadt Nürnberg eine große Feuerspritze um 600 Gulden, nach deren Muster mehrere Spritzen in der Stadt angefertigt wurden. Es sind dies die ersten Nachrichten über eine große Feuerspritze, die wirklich gebaut und an den Käufer abgeliefert wurde. Braunschweig kaufte 1610 eine der ersten deutschen Handdruckspritzen vom Spritzenmacher Georg Schnellen in Nordhausen (Harz).

Der in Florenz geborene Vincenzo Viviani erklärte 1643, warum das Heben des Wassers mit einer Saugpumpe auf etwa 9,5 Meter begrenzt ist. 1650 ließ sich Otto von Guericke, Bürgermeister der Stadt Magdeburg, aus einer Messinghandspritze eine einfache Saugluftpumpe herstellen, mit der er zum Nachweis des luftleeren Raums Wasser aus einem allseits verschlossenen Fass herauszupumpen versuchte. In Nürnberg machte der Zirkelschmied und Mechaniker Hans Hautsch, der die großen Wenderohrfeuerspritzen in Deutschland zuerst mit Windkessel ausstattete, als Erster ab 1655 für seine Erfindungen in Wort und Bild Werbung. Der Windkessel diente dazu, das stoßartige Arbeiten durch das Zwischenschalten eines Luftpuffers auszugleichen. 1663 beschrieb Joseph Furttenbach, Artillerieoffizier in Ulm, in seinem Werk „Mannhafter Kunstspiegel" eine kleine, von vier Personen in jedes Haus zum Innenangriff tragbare Handdruckspritze für den Selbstschutz der Bürger. Der große Durchbruch der Spritzentechnik ist in Europa mit dem Namen Jan van der Heyden aus Amsterdam verbunden. Ab 1677 wurden seine nach den großen Bränden (London 1666 und Amsterdam 1671) in Amsterdam hergestellten Schlauchspritzen („Schlangenspritzen") erstmals in Deutschland (Hamburg) verwendet. Das bisherige Wenderohr ersetzte Jan van der Heyden durch vier bis sechs Meter lange Schläuche, die durch Messingverschraubungen verbunden waren.

In Reutlingen gründete 1690 Michael Kurtz der Jüngere, Zinn- und Glockengießer sowie städtischer Spritzenmeister, eine Werkstatt für Glockenguss und Spritzenbau. Unter seinem Sohn Johannes, der in Belgien, Holland, Frankreich und Spanien als Geselle die Spritzenmacher- und Glockengießerkunst gründlich erlernte, nahm die Werkstatt einen raschen Aufschwung.

Die Stadt Paris kaufte 1699 als erste Feuerspritze in Straßburg eine Schlauchspritze ohne Räder, die getragen werden musste. In Leipzig druckte Johann Theodor Boetius 1720 eine Schrift von Jakob Leupold unter dem Titel „Neue Nachricht von Feuer-, Rohr- und Schlangenspritzen", in der erstmals in Deutschland über die neuen Schlauchspritzen und die Herstellung von ledernen Schläuchen berichtet wird. Ab 1721 begann dann Richard Newsham in Cloth Fair bei London mit der Herstellung von fahrbaren, kontinuierlich arbeitenden Handdruckspritzen mit Windkessel. Eine mit flexiblem Saugschlauch arbeitende Kolbenpumpe wurde zum ersten Mal abgebildet in dem 1724 in Leipzig erschienenen Prachtwerk „Schauplatz der Wasserkünste" des gelehrten Technikers Jakob Leupold.

Das 18. Jahrhundert kennt zahlreiche Veröffentlichungen zur Feuerspritzentechnik aber auch viele Nachrichten vom erfolgreichen Bau technisch aufwendiger Feuerspritzen. Als Beispiel eines Feuerspritzenbauers aus Bayerisch-Schwaben in dieser Zeit sei genannt der Kupferschmied Joseph Joachim Hieber zu Kaufbeuren. Er lieferte zwischen 1773 und 1791 seine selbstgebauten Feuerspritzen 1773 nach Waal, 1774 an das Pflegamt Pfaffenhausen, 1777 an das Pflegamt Schwabmünchen, 1778 nach Stephansrettenberg, 1783 nach Burggen, 1786 an das Pflegamt Oberdorf, 1789 an das Kloster Irsee, 1790 an die Reichsstadt Augsburg, 1791 an das Pflegamt Pfaffenhausen und 1791 an das Pflegamt Leeder und war davon überzeugt, dass seine Werke den Meister lobten. Johann Heinrich Kurtz verlegte die 1690 in Reutlingen gegründete Feuerspritzenbauanstalt 1803 nach Stuttgart, wo sie bis ungefähr 1925 betrieben wurde.

1820 machte sich Philipp Jakob Wieland in Ulm als Kunst- und Glockengießer selbstständig und empfahl sich in Fertigung von Löschmaschinen jeder Art. 1822 erhielt er ein württembergisches Privileg für eine verbesserte Handfeuerspritze, 1837 wurde sein Hydrophor patentiert. Der Spritzenbau wurde bis etwa 1880 betrieben. Heinrich Ludwig Fricke, Mechaniker aus Braunschweig, gründete 1822 in Wien die „privilegierte Feuerspritzen- und hydraulische Maschinenfabrik", aus der die Firma Knaust entstand. Fricke widmete sich insbesondere der Verbesserung der Pumpwerke von Feuerspritzen. 1822 erfolgten erste Versuche, Dampf zum Betrieb von Feuerspritzen zu verwenden. Der aus Ungarn stammende Paul Szabo und seine Söhne Paul und Johann, „Privilegierte Feuerspritzenfabrikanten" in Wien, erhielten am 9. Juni 1822 ein Patent auf eine „neue Wasserspritze, welche mit einer kleinen Veränderung zugleich eine Dampfmaschine ist". In Kochendorf gründete 1823 Adam Bachert eine Werkstätte zur Fertigung von Pumpen und Feuerspritzen. Sie ist die älteste deutsche Feuerwehrgerätefabrik in Familienbesitz. Der schwedische Ingenieur John Ericsson, Teilhaber der Maschinenfabrik des John Braithwaite, setzte eine vom Engländer Braithwaite gebaute Dampfpumpe und einen senkrechten, zylindrischen Lokomotivkessel mit Anfachgebläse auf ein von Pferden gezogenes Fahrgestell und baute damit die erste fahrbare Dampffeuerspritze. Die Dampfpumpe bestand aus einem stehenden Dampfzylinder und zwei doppelt wirkenden Pumpenzylindern (Leistung: 10 PS und 650 Liter Wasser pro Minute). Bei einem Großbrand in winterlicher Kälte 1830, als alle Handspritzen einfroren, arbeitete die Dampffeuerspritze ohne Unterbrechung.

Die Augsburger Glockengießer Ignatz Beck und Anton Bletl bildeten 1831 ihre Feuerlöschmaschinen zu Werbezwecken im Kreisintelligenzblatt des Oberdonaukreises ab. Am 2. November 1842 gründete der Mechanicus Carl Metz in der Hirschstraße zu Heidelberg eine „Maschinenfabrik, Eisen- und Messinggießerei“ und empfahl sich „in Verfertigung von Feuerspritzen nach den neuesten Systemen mit und ohne Wagen, hierzu auf Verlangen Druckwerke (Hydrophore) sowie von metallenen Saug- und Druckpumpen zu verschiedenem Gebrauche“. In Nürnberg errichtete 1845 Justus Christian Braun eine Maschinenfabrik, in der einige Jahre später die Fabrikation von Feuerwehrgeräten aufgenommen und bis etwa 1925 weitergeführt (spätere Faun-Werke) wurde. In Fürth erhielt der Spritzenmeister und Mechaniker J.W. Engelhardt am 25. Januar 1847 ein Bayerisches Patent auf eine „Feuerlösch-Maschine, die ebenso wohl als Spritze wie als Wasserzubringer verwendet werden“ konnte (Hydrophor). Johann Andreas Hilpert wurde am 1. Mai 1854 die Konzession als Rotgießermeister in Nürnberg erteilt. Er eröffnete eine Metallgießerei und Bearbeitungswerkstatt für Armaturen zur Gas- und Wasserversorgung, Brauerei- und Dampfkesselausrüstungen. 1889 wurde die Fabrik in eine AG unter dem Namen Armaturen-und Maschinenfabrik AG, vormals J.A.Hilpert (AMAG), umgewandelt.

In München lieferte der Feuerspritzenfabrikant und städtische Spritzenmeister Dominicus Kirchmaier 1858 eine Zubringerspritze für das königliche Hoffeuerhaus. Gleichzeitig bauten Shand, Mason & Co. in London ihre erste Landdampfspritze für St. Petersburg. Die Maschine wog über vier Tonnen und benötigte drei Zugpferde. 1866 entwarf C.D. Magirus eine „Pferdespritze“, deren Kolbenpumpe durch die

Kraft der Zugpferde über ein Gliederband auf dem Spritzenwagen angetrieben wurde. 1867 errichteten die Brüder Carl und Wilhelm Emil Fein in Stuttgart eine Werkstatt für physikalische und elektrische Apparate. Seit 1870 als C. & E. Fein firmierend, brachte das Werk um 1900 eine der ersten Elektromotor-Feuerspritzen auf den Markt.

1872 erhielt die Münchener Feuerwehr ihre erste Dampfspritze, gebaut von der Firma Shand, Mason & Co. in London. Das bayerische Innenministerium veröffentlichte am 10. April 1876 eine Entschließung über die Prüfung von Fahrfeuerspritzen. Darin abgedruckt ist das „Normale für die Beschaffenheit und die Leistungen von Fahrfeuerspritzen mit einer Cylinderweite von 100 mm und darüber". Die Lokomotivfabrik Krauss & Co., gegründet 1866 auf dem Münchener Marsfeld, begann 1878 mit dem Bau von pferdegezogenen Dampffeuerspritzen, die beispielsweise 1879 nach Burghausen, 1881 nach Augsburg und 1882 nach München ausgeliefert wurden.

Auf eine „Feuerspritze mit Motorbetrieb" erhielt 1888 Gottlieb Daimler das Deutsche Patent Nr. 46779. Ebenfalls 1888 stellten Gottlieb Daimler und Heinrich Kurtz aus Stuttgart auf dem 13. Deutschen Feuerwehrtag zu Hannover die erste Benzinmotorspritze vor. Sie war für Hand- oder Pferdezug eingerichtet und hatte als Antrieb der Kolbenpumpe einen „Daimler-Motor", der 1883 von Wilhelm Maybach und Gottlieb Wilhelm Daimler in einem Gartenhaus in Cannstatt bei Stuttgart entwickelt worden war (Patent Nr. 28022). Nikolaus August Otto, Wilhelm Maybach und Gottlieb Daimler arbeiteten bis Ende 1881 gemeinsam in der Gasmotorenfabrik Deutz bei Köln (im Mercedes-Benz-Museum in Stuttgart ist eine Daimler Benzinmotorfeuerspritze aus dem Jahr 1890 ausgestellt). Eifrigster Gegner der neuen Benzinmotorspritzen war die Firma Jos. Beduwe in Aachen, die auf dem Hannoveraner Feuerwehrtag von 1888 ihre Dampfspritzen vorstellte. Der Inhaber der Firma kämpfte um die Jahrhundertwende mit Wort und Schrift für die Beibehaltung pferdebespannter Dampffeuerspritzen.

C.D. Magirus zeigte 1893 auf dem 14. Deutschen Feuerwehrtag in München seine erste Pferdezug-Petroleummotorspritze (6 PS). 1897 stellten die Gebrüder Bachert in Kochendorf eine fahrbare Benzinmotor-Feuerspritze mit einem Verbrennungsmotor der Heilbronner Firma Klunzinger & Co. her.

Die erste selbstfahrende Magirusdampffeuerspritze wurde 1903 gebaut. In Deutschland hielt man anfangs den Benzintank am Feuerwehrfahrzeug für zu gefährlich. 1903 lieferte Magirus seine erste Benzinautomobilmotorspritze mit aufgeprotztem Schlauchwagen am Heck an die Feuerwehr in Budapest. Für die Feuerwehr in Köln baute Magirus 1904 einen dampfautomobilen Löschzug (Dampfautospritze und Dampfautodrehleiter). Am 1. Dezember 1906 stellte die Freiwillige Feuerwehr Berlin-Grunewald das erste Benzinauto-Löschfahrzeug in Deutschland in Dienst, hergestellt in der Süddeutschen Automobilfabrik im badischen Gaggenau. Metz aus Karlsruhe zeigte 1909 die erste Automobil-Tankspritze mit 750 Liter Wasserbehälter. Konrad Rosenbauer entwickelte 1910 in Linz für die österreichischen Gebirgsfeuerwehren eine abprotzbare Motorspritze mit Leichtmetallkreiselpumpe, die von vier bis sechs Mann getragen werden konnte. 1911 schaffte die Feuerwehr in Augsburg ihr erstes motorbetriebenes Fahrzeug an, einen „elektroautomobilen Mannschaftwagen mit eingebauter Benzinrundlaufpumpe". Gebaut wurde dieses Fahrzeug von Justus Christian Braun in Nürnberg.

Magirus baute 1926 eine Automobilspritze des Typs 1 CV (Modell Bayern), wovon ein Exemplar von der Freiwilligen Feuerwehr in Pfaffenhofen an der Ilm betriebsfähig gehalten wird.

1934 stellte Magirus Flugplatz-Tanklöschfahrzeuge für deutsche Fliegerschulen auf geländegängigem Magirus-Dreiachs-Fahrgestell M 206 her. Die Bayerischen Flugzeugwerke AG in Augsburg beschafften 1935 zwei Autotankspritzen mit Vorbaupumpe und Schaumausrüstung.

Ab 1935 wurden erstmalig Dieselmotoren (1892 von Rudolf Diesel in Augsburg entwickelt) aus Wirtschaftlichkeitsgründen in schwere Feuerwehrfahrzeuge eingebaut (Runderlass des Reichsluftfahrtministeriums von 22.8.1935), in PKW erstmals 1936 (Mercedes-Benz 260D). Mit Wirkung vom 1. Januar 1936 wurde die C.D. Magirus AG in Ulm als Werk Ulm von der Humboldt-Deutzmotoren AG in Köln als ältester Motorenfabrik der Welt (gegründet 1864 von Nikolaus August Otto und Eugen Langen) übernommen, womit die eigenständige Magirus-Dieselmotorenentwicklung abgebrochen wurde.

Erstmals stellte 1936 Magirus in Ulm ein Löschfahrzeug mit Vorbaupumpe und eingeschobener Tragkraftspritze her. Ab 1936 wurde durch Metz und Magirus die Tankspritze TS 2,5 auf Henschel-Dreiachsfahrgestell für die Fliegerhorstfeuerwehren der Luftwaffe gebaut. 1936 begann Albert Fritz Albach mit der Fertigung des „Alco"-Sprühstrahlrohres und legt damit den Grundstein für die heutige Armaturenfabrik in Höchst bei Frankfurt am Main. Metz in Karlsruhe und das Ulmer Magiruswerk gründeten eine Vertriebsfirma Magirus-Metz Feuerwehrgeräte Export GmbH mit Sitz in Köln, die zwischen 1939 und 1945 bestand. Ab 1940 (Runderlass der Reichsregierung) waren nur noch Kleinmotorspritzen Typ TS 8 zur Beschaffung durch die Feuerwehr zugelassen. Ziegler stellte 1940 als erste Firma das hydraulische Druckbegrenzventil vor. Ab 1942 kamen während des Zweiten Weltkriegs Flammenwerfer-Panzerwagen zum Einsatz, die das Flammöl durch Feuerlöschkreiselpumpen auswarfen. Die Lackierung der Feuerwehrfahrzeuge war während dieser Zeit in dunkeloliv (RAL 7021) gehalten. Die 800 Liter Einheitstragkraftspritze wurde ab 1942 entwickelt.

Die Firmen Bachert und Metz setzten 1951 als Erste den luftgekühlten VW-Industriemotor in ihre 800 Liter-Tragkraftspritzen ein. 1953 verließ das erste Feuerwehrfahrzeug mit Ziegler-Aufbau auf Opel-Blitz-Fahrgestell (KLF6) die Werkshallen. Die Feuerwehrgerätefabrik Carl Metz in Karlsruhe ging 1956 in den Besitz der Motoren- und Maschinenfabrik Carl Kaelble in Backnang über. 1958 führte man die Magirus-Turbinentragkraftspritze mit Deutz-Gasturbine vor. Strahlrohre ganz oder teilweise aus Kunststoff erschienen 1958 auf dem Markt.

Seit 1971 dürfen Feuerwehrfahrzeuge wahlweise im bisherigen „feuerrot" (RAL 3000) oder mit der fluoreszierenden Tagesleuchtfarbe „leuchtrot" (RAL 3024) lackiert werden. 1971 lieferte Magirus das erste straßen- und schienenfahrbare Feuerwehrfahrzeug der Welt an die Berufsfeuerwehr Frankfurt am Main für Einsätze in S- und U-Bahntunnels. Ebenfalls 1971 bestellte die Berufsfeuerwehr Frankfurt am Main ein 4-Achs-Großtanklöschfahrzeug mit 2 Fahrerhäusern auf Faun-Fahrgestell mit Magirus-Aufbau („Achilles-Wagen"), fahrbar in beiden Richtungen ohne Wendemanöver. Magirus fertigte 1972 eines der ersten deutschen Feuerwehrfahrzeuge mit Wechselaufbau System Meiller für die Berufsfeuerwehr München. 1972 zeigte man in Japan einen Löschroboter. 1975 wurde die Magirus-Deutz AG in Ulm in Iveco eingegliedert (ab 1983 Iveco Magirus AG Ulm).

2. Schläuche und Schlauchkupplungen

Einen röhrenförmigen Lederschlauch erwähnte als erster Aristoteles um 350 v.Chr. in seiner Schrift „Mechanische Probleme". Um 120 n.Chr. schlug Apollodoros von Damaskus vor, Löschwasser durch

Ochsendärme an gefährdete Stellen zu leiten. 1420 bildete der Venezianer Giovanni da Fontana Schläuche aus Leder ab, die durch kurze Rohrstücke miteinander verbunden und als bewegliche Wasserleitung eingesetzt werden sollten.

Bei einem Brand in Amsterdam 1673 wurden die vom schon erwähnten Brandmeister Jan van der Heyden hergestellten ledernen Druckschläuche verwendet. Die Verbindung erfolgte durch Schlauchverschraubungen („Holländer"). 1724 bildete Jakob Leupold in Leipzig in seinem Prachtwerk „Schauplatz der Wasserkünste" als Erster eine Kolbenpumpe mit flexiblem Saugschlauch ab. Als Beginn der Bestrebungen zur Normung von Schlauchverbindungen gilt eine Anweisung im Ratsprotokoll der Reichsstadt Ulm von 1725, wonach zu beschaffende Schläuche aus „veritablem moscovitischen Juchten" an alle in der Stadt vorhandenen Feuerspritzen passen mussten. In Amsterdam wurde 1735 das Spritzenbuch des Jan van der Heyden in 2. Auflage herausgegeben, in dessen Bildteil Spritzen mit metallenen Saugrohren und flexiblen Saugschläuchen als Neuheit sowie eine Saugpumpe zum direkten Füllen des Zubringerschlauches gezeigt wurden, ohne den Erfinder und den Zeitpunkt der Erfindung der flexiblen Saugschläuche zu nennen. Damit war der Weg zur Entwicklung von der Druckspritze zur Saug- und Druckspritze geebnet.

1779 sah Herzog Karl August von Weimar auf einer Reise in die Schweiz die Herstellung von nahtlos gewebten Hanfschläuchen. Zwei Jahre später gründete er eine Schlauchmanufaktur in Weimar und ließ in größerem Umfang nahtlose Feuerlöschschläuche herstellen. 1809 berichtete der Hofkupferschmied Pflug aus Jena in der Presse über sein neues Verfahren, lederne Spritzenschläuche dicht zu nieten. In der Folgezeit ersetzte der genietete Lederschlauch mehr und mehr den genähten Schlauch. 1827 wurde im Königreich Württemberg empfohlen, bei Feuerlöschkupplungen gleiche Schraubgewinde zu verwenden, um Schläuche verschiedener Spritzen zusammenkuppeln zu können.

Als erster deutscher Staat führte das Königreich Sachsen 1856 für die Spritzenschläuche zwei Größen von Normalverschraubungen ein. Carl Metz entwickelte 1857 in Heidelberg das Metzsche Normalgewinde zur Verbindung von Schläuchen. 1860 führte Württemberg die „württembergische Normal-Verschraubung" ein.

Eine bayerische Ministerialentschließung vom 30. Januar 1874 regelte die Einführung eines „Normalgewindes" für Feuerspritzenschläuche, wobei sich der bayerische Feuerwehrtag zu Bamberg einstimmig für die Einführung des Metzschen Gewindes in Bayern aussprach.

Als erster Hersteller in Deutschland lieferte Ziegler 1930 eine Elektroschlauchwaschmaschine an die Berufsfeuerwehr Leipzig. Nach dem verheerenden Brand der Gemeinde Öschelbronn bei Pforzheim im Jahr 1933, bei dem durch verschiedene Schlauchkupplungssysteme Schwierigkeiten auftraten, ordneten die Reichsministerien des Innern und der Luftfahrt am 11. September 1936 an, nur noch genormte Hydranten zu verwenden und bis zum 1. Januar 1938 alle Schlauchkupplungen umzustellen. Bei allen deutschen Feuerwehren wurden ab 1936 die Reichs-Normalkupplungen A, B, C und D eingeführt. 1936 errichtete Ziegler in Bachhagel eine eigene Schlauchweberei; zuvor war er in der Burg zur Miete. Die Schlauchwebereien Franz A. Parsch, in Ibbenbüren wiedergegründet, und Ziegler führten 1950 als Erste die Rundwebautomaten für rohe Hanfschläuche in der Bundesrepublik Deutschland ein, welche die traditionellen Flachwebstühle ablösten. 1953 wurden bei Ziegler erstmals Feuerwehrschläuche aus Chemiefasern hergestellt. Die erste vollautomatische Ziegler-Schlauchaufhängevorrichtung kam 1958 zum Einsatz. 1965 wurde der erste Ziegler-Horizontal-Schlauchtrockenkanal mit kombinierter Prüf- und Wascheinrichtung als Alternative zum Schlauchtrockenturm vorgestellt. 1984 entwickelte Ziegler einen vollautomatischen Elektrodrehkranz zur vertikalen Schlauchtrocknung in Türmen, 1985 eine vertikale, vollautomatische Schlauchpflegeanlage.

3. Feuerwehrleitern

Der Wagnermeister Birner in München entwarf 1761 eine Schiebeleiter, bei der zwei gleich breite und lange Leitern aufeinander lagen, die durch eiserne Laschen zusammengehalten wurden. Die Oberleiter konnte beliebig von Hand ausgeschoben und durch einen Haken an den Sprossen der Unterleiter festgemacht werden. Es ist dies die erste bekannte Konstruktion einer Schiebeleiter. 1802 führte Edouard Regnier, Archivbewahrer des Artilleriewesens in Paris, seine fahr- und drehbare Feuerleiter vor. Diese erste Drehleiter der Welt hatte drei durch Zahnstangen und Getriebe ausschiebbare Oberleiterteile. Der Wagnermeister Andreas Scheck aus Lienzingen fertigte 1808 die erste bekannte deutsche Vierrad-Drehleiter.

Josef Anton Baldauf aus Weiler im Allgäu stellte 1821 auf der 4. Augsburger Industrieausstellung ein Modell einer Feuerrettungsmaschine vor, die durch eine Handkurbel auf zehn Meter, mit Verlängerung auf 30 Meter ausfahrbar sein sollte. Johannes Buhl, Kaufmann in Schwäbisch Gmünd, ließ 1831 die ersten deutschen Hakenleitern für die Feuerwehr seiner Heimatstadt anfertigen. Der Sattlermeister Johann Georg Lieb in Biberach an der Riß eröffnete 1872 mit einigen Tausend umdekorierten bayerischen Militärhelmen eine Firma für Feuerwehrrequisiten, vor allem für Feuerwehrleitern. Nach dem Ersten Weltkrieg wurde der Firmensitz nach Blaubeuren verlegt (um 1930 erloschen).

1875 führten Fischer & Stahl in Nürnberg ihre erste Pferdezugdrehleiter mit 22 Metern Steighöhe vor. Als Drehvorrichtung diente ein Drehkranz nach Art der Eisenbahndrehscheibe mit eisernen Rollen, der von Hand gedreht wurde. Der Leitersatz war als Holzsprengwerk (Fischbauch) ausgeführt. Fischer & Stahl in Nürnberg bauten 1877 eine Pferdezug-Drehleiter mit dreiteiligem, 23 Meter hohen Leitersatz für die Berufsfeuerwehr Leipzig, die damit die erste Feuerwehr in Deutschland mit einer Pferdezug-Drehleiter war.

1877 erhielt Fritz Hönig in Köln das Patent auf eine fahrbare Ausziehleiter für Rettungszwecke, die „Drehturmleiter", bei der ein dreiteiliger Leitersatz auf einem eisernen Turm montiert war, der sich gegen einen inneren Turm abstützte und auf diesem von Hand drehbar war. Aufrichten und Ausfahren des Leitersatzes erfolgte durch Seilwinden. Magirus baute 1892 seine erste Drehleiter, eine vierteilige Leiter für Pferdezug von 25 Metern Steighöhe mit einem in Fahrzeugmitte angeordneten Drehturm ähnlich der Ausführung Hönig.

Ab 1901 baute Magirus Druckzylinder in seine Leitern ein, die mit Kohlensäure aus mitgeführten Flaschen betrieben wurden und das Ausfahren der Leitern besorgten. In Nürnberg fertigte 1902 Braun eine Balance-Drehleiter, bei deren Drehscheibe statt Rollen erstmals Kugellager verwendet wurden. 1903 setzte er erstmals eine 23,5 Meter Balancedrehleiter mit CO_2-Auszugmaschine auf ein Elektromobilfahrgestell mit Antrieb durch zwei Elektro-Motoren an den Vorderrädern, welche 1903 bei der Offenbacher Feuerwehr in Dienst gestellt wurde.

Die erste Autodrehleiter mit Benzinmotor stellte 1906 Magirus in Ulm her, wobei das Aufrichten und Drehen der Leiter von Hand erfolgte und das Ausziehen durch eine Kohlensäuremaschine. Ebenfalls 1906 wurde bei Magirus ein Ganzstahlleitersatz konstruiert. Breslau als erster Feuerwehr Deutschlands lieferte Magirus 1910 eine Drehleiter auf einem Benzinmotor-Fahrgestell von Daimler. 1913 meldete Metz ein vom Fahrmotor betriebenes Getriebe für Kraftfahrdrehleitern zum Patent an, die Konstruktionsarbeiten wurden aber durch den Ersten Weltkrieg unterbrochen und erst 1919 wieder aufgenommen. 1916 lieferte Magirus die erste Autodrehleiter der Welt mit direktem Antrieb aller Leiterbewegungen durch den Fahrzeugmotor nach Chemnitz. In den 20er-Jahren wurden Autodrehleitern in Deutschland nur noch von den drei Firmen Magirus, Metz und Kieslich in Patschkau gefertigt. Metz und Magirus verwendeten mechanischen Leiterantrieb vom Fahrmotor aus, Kieslich verbaute elektrischen Dreimotorenantrieb mit eingebautem Dynamo. 1925 lieferte Metz eine 36-Meter-Drehleiter mit Holzleitersatz, damals die höchste Drehleiter der Welt, nach Moskau. Anfang der 1930er-Jahre setzte sich bei den Kraftfahrdrehleitern die Luftbereifung durch. 1931 zeigte Magirus eine 38-Meter-Autoleiter mit dem ersten brauchbaren Stahlleitersatz in Schweißkonstruktion. Drei Jahre später wurden so bereits 45-Meter-Leitern gebaut.

1932 stellte Metz in Karlsruhe einen Metalleitersatz her, dessen Konstruktion aus Vollprofilen die Ausführung in Stahl geschweißt oder in Leichtmetall genietet zuließ.

1933 gründete Dipl.-Ing. Walter Zarges mit seinem Bruder Helmut in Stuttgart ein Werk für Leichtmetallbau, das 1939 nach Weilheim in Oberbayern verlegt und einer der bedeutendsten Hersteller von Leichtmetalleitern in Europa wurde. Magirus stellte 1953 die erste Drehleiter vor, bei der alle Leiterbewegungen hydraulisch erfolgten.

4. Brandmelder und Brandmeldeanlagen

Seit dem Mittelalter waren Türmer und Nachtwächter die fest beamteten Brandmelder in den Städten. Im 18. Jahrhundert wurde der Dienst der Feuerreiter eingerichtet, um auf dem Lande schnell nachbarliche Löschhilfe heranholen zu können. Besitzer geeigneter Pferde wurden dazu eingeteilt, Pferd und Reiter waren besonders gekennzeichnet, meist durch rote Satteldecke und rote Mütze. Sie durften nirgends aufgehalten werden und hatten überall Wegerecht.

1767 veröffentlichte ein Ungenannter einen der ersten Pläne zu einem Feuermelder. Er bestand aus einem Teilkreis mit drehbarem Diopter, durch das man vom Kirchturm aus die Brandstelle genau anvisieren konnte. Ein ähnliches Gerät erfand der Studiosus Pausner in Jena, bei dem der „Photoscop“ genannte Ortszeiger aus einer Ortstafel mit einem drehbaren Seh- oder Fernrohr in der Mitte bestand. 1810 erhielt Salzburg eine „Feuer-Observat-Maschine“ zur Bestimmung des Brandortes, bestehend aus drei Diopter-Zielfernrohren und einer Liste aller vom Turm aus sichtbaren Bauobjekte. Die Maschine wird von Ludwig Grenier eingerichtet. 1835 wurde auf dem Wiener Stephansturm ein vom Astronomen L.K. Littrow um 1830 erfundenes „Toposcop“ errichtet, das die genaue Festlegung eines Brandortes auf einem Stadtplan ermöglichte. Auf der Peterskirche in München baute man 1842 das von Carl August von Steinheil erfundene „Projektions-Pyroscop“ ein: Auf einem Rundumprismensystem wurde ein genaues Panorama der Umgebung eingeritzt, das eine Direktablesung des Brandortes erlaubte. 1849 verband man den Feuerwächter auf dem Turm von St. Peter durch eine Telegraphenleitung mit dem Hauptfeuerhaus auf dem Jakobsplatz. Dies war die erste Verwendung des neuerfundenen „elektrischen Telegraphen“ für Feuerwehrzwecke.

1847 ließ der damals 31-jährige Werner Siemens von dem Berliner Universitätsmechaniker Johann Georg Halske das Modell eines neuen, von ihm entwickelten Zeigertelegraphen bauen. In seinem Empfänger arbeitete kein Uhrwerk mehr, das den Telegraphenstreifen weiterbewegte, sondern ein Laufwerk, das mit dem Sender synchronisiert war. Die „Telegraphen-Bau-Anstalt Siemens & Halske“ wurde zunächst beim Aufbau des preußischen Staatstelegraphennetzes tätig. Nach Auseinandersetzungen mit der Telegraphenbehörde fand die Firma einen neuen Markt, sie baute das Berliner Feuermeldenetz mit Untergrundkabeln auf. 1851 errichteten Siemens & Halske in Berlin eine telegraphische Feuermeldeanlage mit 37 Feuermeldestellen. Damit erhielt Berlin das erste elektrische Feuermeldenetz der Welt. Der Verkehr zwischen der Zentrale und den Feuerwachen und Polizeirevieren erfolgte zuerst durch Zeigermagnetapparate, später durch Morsetelegraphen.

1877 gründete Alois Zettler in München einen elektrotechnischen Betrieb, aus dem sich die heute in 13 Ländern tätige Spezialfabrik entwickelte, die u.a. Brandmeldeanlagen in großem Umfang herstellt.

5. Chemische Mittel zur Feuerhemmung und Brandbekämpfung

1715 erfand Zacharias Greyl, Silberstecher zu Augsburg, eine wirkungsvolle Feuerlöschbombe, ein mittels Zündschnur und 2 Pfund Pulver zur Explosion gebrachtes Fässchen voll Wasser. Jakob Friedrich Roth, Fähnrich in Ulm, baute 1725 eine chemische Löschbüchse, ein mit Wasser gefülltes Fässchen mit Schießpulver. Neben diesen durchaus modern wirkenden Löschmitteln, die in den Brand geworfen werden, kennt das 18. Jahrhundert aber durchaus noch abergläubische Mittel zur Brandbekämpfung. So ordnete Herzog Ernst August von Sachsen-Weimar 1742 die Vorratshaltung und Verwendung hölzerner Teller, die in bestimmter Weise beschriftet sein mussten, als Feuerlöschmittel an.

Johann Nepomuk von Fuchs, ab 1807 Professor für Chemie in Landshut, seit 1823 Konservator der staatlichen mineralogischen Sammlungen in München und Mitglied der Bayerischen Akademie der Wissenschaften, erfand 1823 das Wasserglas, dessen Lösungen bei Brandversuchen günstige Ergebnisse erzielten. 1825 versah er die hölzernen Kulissen und Bühnenbauten des Theaters in München mit einem Wasserglasüberzug. Fuchs wollte auf diese Weise das trockene Holz schwer entflammbar machen und den damals so häufigen verheerenden Theaterbränden vorbeugen. Die als Wasserglas bezeichneten wasserlöslichen Alkalisilikate werden durch Schmelzen von Quarzsand mit Alkalikarbonaten bei 1300 bis 1600 °C hergestellt.

Als 1834 dem französischen Chemiker Thilorier die Erzeugung flüssiger Kohlensäure gelang, wurde die Grundlage für die späteren Gasspritzen geschaffen. 1846 stellte der Geheime Bergrat Heinrich Gottlieb Kühn in Meißen seine „chemische Löschdose" der Öffentlichkeit vor, die aus einer Mischung von Schwefel, Salpeter und Kohle bestand und in Schachteln verpackt und mit Zündschnur gezündet wurde. Sie löschte durch Entwicklung großer Mengen nicht brennbarer Gase das Feuer.

Als Erfinder des bis heute angewandten Löschmittels Schaum gilt John Henry Johnson, der 1877 das Britische Patent Nr. 560 für einen Feuerlöschapparat erheilt, bei dem die chemische Reaktion zwischen Natriumbikarbonat und Aluminiumsulfat zur Erzeugung von Kohlensäure ausgenützt und durch Beifügen seifenartiger Produkte eine schaumige Mischung gebildet wurde. Erfinder der mechanischen Schaumerzeugung war der Amerikaner E. Gates, der 1903 ein Verfahren zur Erzeugung eines blasenartigen Löschmittels anmeldete mit den Ziel, unbrennbare Gase sicher auf eine Brandfläche zu bringen. 1904 berichtete Alexander Laurent über erfolgreiche Löschversuche mit Schaum, sein Deutsches Patent wurde 1907 in den Perkeo-Schaumfeuerlöschern verwirklicht. Clemens Wagener machte 1923 als Erster den Vorschlag, eine schaumbildende Stoffe enthaltende Flüssigkeit durch eine offene, selbstansaugende Strahlluftpumpe zu verarbeiten. Minimax brachte 1927 den Einkammer-Schaumgenerator und das Einheits-Schaumpulver auf den Markt und zwei Jahre später stellte die Berufsfeuerwehr Frankfurt das erste deutsche Trockenlösch-Großgerät (der Firma Total) in Dienst. Es war auf ein LKW-Chassis montiert.

1932 ließ sich Wilhelm Friedrich einen Luftschaumerzeuger für Feuerlöschzwecke schützen, der als „Kometrohr" in der ganzen Welt Verbreitung fand. 1935 schlug Minimax erstmals die Verwendung des Venturirohres als Mess- und Dosiergerät für die Schaumlöschtechnik vor. Ab 1943 entwickelten Minimax und Total gemeinsam 200-Liter- und 800-Liter-Luftschaumrohre.

1964 wurde ein neues Löschverfahren für Flüssigkeitsbrände erfunden mit Anwendung von Löschpulver auf Kaliumbikarbonatbasis und einem Spezialschaummittel mit der Bezeichnung AFFF. Dieses filmbildende Schaummittel erschien als „Light Water" der 3M-Company. 1966 wurde in USA eine Brandbekämpfungskanone entwickelt, die pneumatisch eine mit Löschpulver gefüllte Granate 60 Meter weit schoss, welche explodierte und eine Löschpulverwolke von 4 Metern Durchmesser und 2 Metern Höhe erzeugte. Das „Montrealer Protokoll" zum Schutz der Ozonschicht von 1987 stellte freilich die als Löschmittel genutzten Halone in Frage.

7. Ausblick

Versuchten bis in das 19. Jahrhundert in Schwaben noch zahlreiche Kupferschmiede und Glockengießer mit verschiedenen Feuerspritzenmodellen (Krücken-, Butten-, Trag-, zweirädrigen Karren- und vierrädrigen Fahrspritzen) die Wünsche ihrer Kunden zufrieden zu stellen, so änderte sich um die Jahrhundertwende die Szene völlig. Neue technische Entwicklungen auf den Gebieten Pumpenherstellung, Pumpenantrieb, Pumpentransport, Feuerwehrfahrzeugbau und Löschmittelchemie beherrschten nun die Brandschutztechnik. Am 12. August

1900 wurde in Paris zur Weiterentwicklung der Brandschutztechnik von etwa 1000 Feuerwehren Europas der „Internationale Rat der Feuerwehren" gegründet (ab 1929 CTIF, ab 17. Juli 1946 „Internationales technisches Komitee für vorbeugenden Brandschutz und Feuerlöschwesen" genannt). Normierungen und Vereinheitlichungen wurden seitdem durchgesetzt. Aber auch 100 Jahre nach der Gründung des „Internationalen Rats der Feuerwehren" ist die technische Entwicklung weiterhin „schnell wie die Feuerwehr". Computertechnik und Mikroelektronik haben längst in Einsatzleitrechner und Feuerwehrfahrzeuge Einzug gehalten und alle Anbieter von Feuerwehrtechnik wie etwa die Ziegler-Fahrzeugbau GmbH in Bachhagel stehen im weltweiten Wettbewerb.

Anhang

1. Abkürzungen der Feuerwehrfahrzeugbezeichnungen seit den Dreißiger Jahren

LLG:	Leichtes Löschgruppenfahrzeug mit einer Pumpenleistung von 800 Litern pro Minute (LF8)
SLG:	Schweres Löschgruppenfahrzeug mit einer Pumpenleistung von 1500 Litern pro Minute (LF15)
GLG:	Großes Löschgruppenfahrzeug mit einer Pumpenleistung von 2500 Litern pro Minute (LF25)
TLF15:	Tanklöschfahrzeug mit einer Pumpenleistung von 1500 Litern pro Minute
DL17:	Drehleiter mit einer Steighöhe von 17 Metern
DL22:	Drehleiter mit einer Steighöhe von 22 Metern
DL32:	Drehleiter mit einer Steighöhe von 32 Metern
SKW:	Schlauchkraftwagen
SSK:	Schwerer Schlauchkraftwagen
RKW:	Rüstkranwagen

2. Feuerwehrgerätehersteller in Bayerisch-Schwaben (Auswahl)

Beck, Ignatz, Glockengießer in Augsburg
Biechteler, Johann, Blitzableiterfabrik in Kempten (Allgäu)
Bletl, Anton, Glockengießer in Augsburg
Böhm, Kaspar Gottlieb, Glockengießer in Lauingen
Ehrentreich, Johann Georg, Kupferschmied in Donauwörth

Hermann, Johannes, Glockengießer in Memmingen
Hieber, Joseph Joachim, Kupferschmied in Kaufbeuren
Klein, Christoph Karl, Glockengießer in Nördlingen
Klein, Rudolph junior, Glockengießer in Nördlingen
Kusterer, Franz Xaver, Metallwaren und Helme in Augsburg
Möller, Johann, Kupferschmied in Mindelheim (nur Reparatur)
Müller, Ludwig, Mechaniker und Löschmaschinenfabrikant in Kranzegg
Niederwieser, Johann, Glockengießer in Lauingen und Augsburg
Wolfart, Theodor, Glockengießer in Kempten (Allgäu)
Ziegler, Albert, Schlauchweberei in Bachhagel
Zoeschinger, Franz Joseph, Glockengießer in Lauingen

3. Kurzbiographien von Glockengießern und Feuerlöschmaschinenherstellern in Bayerisch-Schwaben

Böhm, Kaspar Gottlieb: Als Sohn eines Bierbrauers in Nürnberg am 21. September 1815 geboren. Die Lauinger Gießerei führte er von 1846 bis 1870. Er starb am 7. Januar 1873 in Lauingen.

Hermann, Johannes: Geboren am 19. August 1785 in Memmingen. Am 10. April 1809 heiratete er Susanna Diesel. Er starb am 9. November 1857. Sein Nachlassakt ist überliefert (Staatsarchiv Augsburg, Bezirksgericht Memmingen Akten 73). Das Geschäft übergab er 1842 an seinen Sohn Johannes Hermann. Dieser wurde am 16. Oktober 1814 geboren und heiratete am 11. Mai 1843 Euphrosina Felizitas Pilgram, deren Nachlassakt mit Abschrift des Heiratsvertrags überliefert ist (Staatsarchiv Augsburg, Stadt- und Landgericht Memmingen Akten 17). Am 27. November 1862 heiratete Johannes Hermann die Wilhelmine Auguste geb. Brandmüller, verwitwete Dechsel. Er starb am 19. Mai 1868 in Memmingen. Sein Nachlassakt mit Testament ist überliefert (Staatsarchiv Augsburg, AG Memmingen NA V.V. 47/1868). Am 1. Juli 1868 übernahm Karl Götzger aus Lindau (Bodensee) das Geschäft, das die Firmenbezeichnung Johannes Hermann beibehielt. Im Jahr 1904 hieß es: Keusch und Ko., Glockengießerei und Eisenkonstruktionswerkstätte, Inhaberin Maria Theresia Keusch.

Klein, Christoph Karl: Als Sohn des Gürtlers und Eichmeisters Christoph Wilhelm Klein wurde er am 13. März 1803 in Nördlingen geboren. Am 13. März 1832 heiratete er in Möttingen die Pfarrerstochter Johanna Philippine Wilhelmine Beyer. Er starb in Nördlingen am 1. Mai 1891. Sein Nachlassakt konnte nicht ermittelt werden.

Niederwieser, Johannes: Geboren am 26. November 1791 in Hohenraunau. Von 1824 bis 1845 war er in Lauingen als Glockengießer tätig. Am 26. Juli 1824 heiratete er Maria Anna Schimpp aus Radau bei Göggingen. Am 1. Juni 1846 kaufte er die Glockengießerei von Ignaz Marquard Beck in Augsburg, die er 1862 an seinen Sohn Johann Leonhard übergab. Johannes Niederwieser starb am 3. September 1864 in Augsburg. Der Nachlassakt mit Testament ist überliefert (Staatsarchiv Augsburg, Augsburg-Stadtgericht NA 427/1863/64). Sein am 31. März 1830 in Lauingen geborener Sohn Johann Leonhard starb am 7. März 1868.

Zöschinger, Franz Joseph: Nachfolger des Kaspar Gottlieb Böhm in Lauingen war Franz Joseph Zöschinger aus Burgau, geboren am 27. März 1844. Er heiratete am 11. Januar 1870 in Lauingen die Schwanenwirtstochter Maria Anna Griessmair. Er starb am 15. Oktober 1892. Seine Tochter Barbara heiratete am 28. Februar 1893 Johann Georg Wolfart, den am 16. April 1861 geborenen Sohn des Glockengießers Theodor Wolfart aus Kempten (Allgäu). Johann Georg Wolfart starb am 19. Juli 1937. Seine Tochter Maria Barbara heiratete am 23. Januar 1936 den am 16. November 1897 in Aschaffenburg geborenen Ingenieur Wilhelm Kuhn, der die Gießerei bis zu seinem Tod am 26. April 1955 führte.

Reinhard Heydenreuter, Hermann Schweiger, Thomas Steck, Günter Steiner

Katalog
Dokumente zur Geschichte der Feuerwehr in Bayerisch-Schwaben

I. Feuerschutz und Feuerelend im Alten Reich

1 „Gfar ... der leidigen Prunst ...“ Das Leben mit der täglich drohenden Feuersgefahr

1556 November 16

Löschordnung und Feuerbeschauordnung der Stadt Füssen.

Da sich beim letzten Brand in der Stadt Füssen einige Bürger „der hievor auffgerichten Feurordnung zuwider gantz unordenlich und unburgerlich gehalten ...“ beschlossen Herrschaft, Bürgermeister, Rat und Gericht mit dem Ausschuss der Gemeinde eine Erneuerung der Feuerordnung. Dabei musste u.a. auch festgelegt werden, dass bei Feuergefahr zunächst und vor allem das Rathaus aufzusperren sei, damit man an die Sturmglocke und an die Löschkübel herankomme. Die Hauptleute der Stadtviertel sollten bei Feueralarm nicht in ihren Stadtvierteln sitzen bleiben, sondern mit ihren Kräften demjenigen Viertel, in dem der Brand ausgebrochen ist, zu Hilfe eilen.

Neu bestimmmt wurden vor allem die Personen, die bei Feueralarm zu den über die Stadt verteilten Leitern und Feuerhaken sowie zu den Brunnen eilen sollten. Gleichzeitig erließ man auch eine neue Ordnung für die Feuerbeschau, die von Amts wegen jährlich zweimal stattzufinden hatte.

Staatsarchiv Augsburg, Hochstift Augsburg NA Akten 2406 d.

2 „100jährige Frau aus Flammeninferno gerettet"

1723 Dezember 29

Eintrag im fürststift-kemptischen Hofkammerprotokoll über den Brand im Anwesen des Baltus Kuen zu Eschach.

Am 1. Weihnachtsfeiertag des Jahres 1723 brannte das Anwesen des Baltus Kuen, fürststift-kemptischer Gotteshaushuber zu Eschach, vollständig nieder. Über den Brandhergang gibt seine Frau Folgendes zu Protokoll: Als bereits alle Hausbewohner im Bett gelegen seien, sei sie um 20 Uhr aufgewacht, habe durch den Fensterladen eine hellen Schein wahrgenommen und nach dem Aufstehen bemerkt, dass der Strohschopf oberhalb des Brunnens in Flammen stehe. Das Feuer habe dermaßen schnell um sich gegriffen, dass die Rettung des Viehs, des Getreides und des Hausrats unmöglich gewesen sei. Es sei ihr gerade noch gelungen, die bereits 100-jährige Witwe – ihre Schwiegermutter? – aus dem Haus zu bringen, ansonsten sei alles, sogar die täglich getragene Kleidung, verbrannt. Aufgrund der entstandenen Notlage bitte sie um kostenlose Abgabe von Holz und um eine hinreichende Beisteuer aus der Landschaftskasse. Über die Brandursache könne sie keine Auskunft geben.

Erst am 24. Januar 1724 fassten die Kemptener Hofkammerräte den Beschluss, der vom Unglück betroffenen Familie Holz, Nahrungsmittel und Samen im Gegenwert von 50 Gulden als sog. Beisteuer zukommen zu lassen.

Staatsarchiv Augsburg, Fürststift Kempten NA Lit. 2855.

3 Die Dillinger Feuerschutzordnung wird gedruckt und der Bürgerschaft bekannt gemacht

1738 Juli 12

Feur-Ordnung der Hochfürstlichen Residentz-Stadt Dillingen
Druck, 14 Bl.

Auf Initiative des Bischofs Johann Franz wird die bisher nur handschriftlich vorhandene Feuerordnung der Residenzstadt Dillingen überarbeitet, gedruckt und so „zu jedermanns Wissenschaft und schuldigster Nachachtung" publiziert.

Staatsarchiv Augsburg, Hochstift Augsburg NA Akten 35.

4 Tabaksrauchen verboten: Die Feuerschutzordnung der Reichsstadt Memmingen von 1765

1765 Juni 10

„Des Heiligen Römischen Reichs freyen Stadt Memmingen erneuerte Feuer-Ordnung".

Des
Heil. Röm. Reichs freyen Stadt
Memmingen
erneuerte
Feuer-Ordnung.

IHr Burgermeister und Rath des Heil. Röm. Reichs Stadt Memmingen fügen hiemit zu wissen allen unsern Bürgern, Beysizern und Inwohnern: Demnach eines der vornehmsten Stücke unseres tragenden Obrigkeitlichen Amtes darinnen bestehet, daß das gemeine Wesen in guter Ordnung und

A 2 Wohl-

Die aus dem Mittelalter stammende Feuerordnung der Reichsstadt Memmingen wurde 1710 erstmals gedruckt und in einer verbesserten Fassung ein Jahr nach einer „grossen und gefährlichen Feuers-Brunst" 1765 noch einmal publiziert. Die Feuerordnung teilt sich in drei Abschnitte: „(1) Von einigen Veranstaltungen, so zu Verhütung Feuers-Gefahr dienen und von gesammter Burgerschaft und Inwohnern zu beobachten. (2) Wie sich bey wirklich entstandenem Feuer zu verhalten und was dabey in Acht zu nehmen (3) Von dem, was nach geendigtem Brande zu beobachten." Besonderer Wert wird bei dieser Feuerordnung auf die Vorsorge gelegt, insbesondere wird auf die Pflichten der Hausväter hingewiesen, ihre Feuerstätten und Kamine durch den Kaminfeger säubern zu lassen. Besonders gewarnt wird vor dem leichtfertigen Umgang mit der brennenden Tabakpfeife und mit Asche. Die Feuerordnung musste in jeder Zunft jährlich einmal abgelesen und ein Exemplar in der jeweiligen Zunftlade aufbewahrt werden.

Staatsarchiv Augsburg, Reichsstadt Memmingen MüB 21, aufgeschlagen S. 12 und 13.

5 „... und sogleich feuriò geschrien“: Nachbar entdeckt ausbrechendes Feuer

1771 September 16

Eintrag im Protokollbuch des Bauschauamts der Reichsstadt Memmingen über die Vornahme einer Feuerbeschau in einer Memminger Färberei.

Am 14.9.1771 abends nach 9 Uhr war in der sog. Lindenfärbe ein Feuer ausgebrochen. Ein Nachbar namens Lorenz Bär hatte das Feuer bemerkt und durch Rufen, Läuten und Schreien Alarm ausgelöst. Unter Zuhilfenahme von Eisenfarbe wurde der Brand sehr rasch gelöscht und Schlimmeres verhindert (lediglich ein Brett war verbrannt).

Als mutmaßliche Brandursache ermittelte das Bauschauamt, das sich zwei Tage später am Brandort einfand, um einen „Augenschein“ vorzunehmen, dass ein Geselle oder Arbeiter seine Pfeife ausgeklopft oder den Schwamm von der Pfeife verloren haben muss.

Personen, die mit feuergefährlichen Materialien zu tun hatten, war in der erneuerten Feuerordnung der Reichsstadt Memmingen von 1765 das Tabakrauchen verboten worden. Im gezeigten Beispiel lag also ein klarer Verstoß gegen diese Bestimmung vor.

Staatsarchiv Augsburg, Reichsstadt Memmingen Lit. 114.

6 Bettel- und Brandbriefe für abgebrannte Untertanen

1780 August 16

„Brandbeschädigungsattestate“ der Hochfreiherrlich Vöhlinischen Herrschaftskanzlei Neuburg an der Kammel für die am 8. August abgebrannten Untertanen.

Durch einen Brand, der am 8. August 1780 nachmittags um 2 Uhr beim Söldner Georg Egger in Oberbleichen in der Herrschaft Neuburg an der Kammel ausbrach, wurden 4 Söldenhäuser, 2 Bauernhöfe und die Tafernwirtschaft in Schutt und Asche gelegt. Die einzige Möglichkeit vor Einführung der Brandversicherung, den Geschädigten zu helfen, war die Ausstellung von Brandbriefen, mit denen sich die Geschädigten eine mildtätige „Beisteuer“ erbetteln konnten.

Staatsarchiv Augsburg, Herrschaft Neuburg a.d. Kammel Akten, Karton 61.

7 Ulrich Wörle stirbt den Feuertod

1791

a) Brandbericht zum Brand in Denklingen in der Nacht vom 14. auf den 15. März 1791.

b) Verzeichnis des Brandschadens.

c) Angebot des Kupferschmieds Joseph Joachim Hieber zu Kaufbeuren über eine „starke und wohlgemachte Feuerspritze" mit genauer technischer Beschreibung zum Preis von 500 Gulden, welche im Jahr 1791 auch bestellt wurde.

Nach Bericht des Hochstift Augsburgischen Hofrates Xaver Moser, Verwalter des Pflegamtes Leeder, vom 16. März 1791 brach in der Nacht des 14. März 1791 um 23 Uhr in der Söldbehausung des Ulrich Wörle (HausNr. 128) Feuer aus und griff in den „ sehr eng aneinander gelegenen meist hölzernen Häuslen ..." so schnell um sich, dass bei Eintreffen des Pflegsverwalters gegen 24 Uhr bereits „8 Häuser in der Asche lagen ..." Pflegsverwalter Moser schickte sogleich einen „Reithenden" nach Waal wegen nachbarlicher Hilfe mit der dortigen Feuerspritze, die aber „des schlechten Weeges halber ..." erst zwischen 3 und 4 Uhr ankam, als das Feuer „mit der einzigen geringen Denklinger Feuerspritze ..." bereits eingedämmt und die Pfarrkirche gerettet war.

Ein Todesopfer forderte der Brand, nämlich Ulrich Wörle, der zunächst vermisst wurde. Am Tag danach wurde sein toter Körper aus dem Schutt seines Hauses hervorgezogen. Als Brandursache wurde „nach Muthmassen einiger Nachbarn das unvorsichtige Garnsieden der alten Wörlin als die Veranlassung angegeben ..."

Statt eine Abbildung einer Feuerspritze beizulegen, führte Joseph Joachim Hieber die Orte auf, für die er bereits Spritzen hergestellt hat, weil „allein das Innere und zwar das Hauptwerk wird bei einem Riss in dergleichen Arbeit niemal fasslich können vorgestellt werden und also habe es für ohnnöthig erachtet, einen Riss beizulegen und halte dafür, dass das Werk den Meister beloben und die zuvor angeführte Ortschaften, wo ich dergleichen Werk verfertiget, den Ruhm davon erlangen dürfte ...": 1773 Waal, 1774 Pflegamt Pfaffenhausen, 1777 Pflegamt Schwabmünchen, 1778 Stephansrettenberg, 1783 Burggen, 1786 Pflegamt Oberdorf, 1789 Kloster Irsee, 1790 Reichsstadt Augsburg und 1791 Pflegamt Pfaffenhausen.

Seine genaue technische Beschreibung nennt dennoch einige Einzelheiten. So wurde die „starke und wohlgemachte Feuer-Sprize" mit „Windrohr"(Wenderohr ?) und Schlauch ausgestattet, einzeln und gemeinsam zu betreiben. Das Hauptwerk bestand aus einer sehr starken kupfernen Windkugel, an die ein starkes kupfernes „Windrohr" mit einem starken Hahnen sowie ein starkes Schlauchrohr montiert waren. Aus Messing waren außerdem der Wasserablaufhahn an der Windkugel und die 5 ½ Zoll starken „Stiefel" (Zylinder).

a–c) Staatsarchiv Augsburg, Hochstift Augsburg NA, Akten 2468.

II. Die Brandschutzversicherung

8 Die Brandversicherung setzt sich in Schwaben durch

a) 1783 Juli 21
Einladungsschreiben des Direktoriums des Kantons Donau der Reichsritterschaft zur Teilnahme an der zu errichtenden Brandassekuranz.

b) 1784 März 15
„Entwurf einer Reichs-Ritterschaftlich Canton Donauischen Brandversicherungs-Ordnung."

c) 1786 April 28
Fürstlich Augsburgische Feuer- und Brandschaden-Versicherungs Anstalten.

d) 1787
„Gesellschaftliche Brandschadens-Versicherungs-Anstalten" der schwäbischen Reichsabteien.

Entwurf
einer
Reichs-Ritterschäftlich Canton Donauischen
Brandversicherungs-
Ordnung,
wie solcher
bey der in des heil. Röm. Reichsstadt Ulm
abgehaltenen
Directorial - Conferenz
am 15 Merz 1784.
vorläufig
zu Stand gebracht worden.

Gesellschaftliche
Brandschadens-
Versicherungs-
Anstalten,
von
verschiedenen Reichs-Abteien
in Schwaben.

Memmingen, gedruckt bei Jakob Mayer, 1787.

Auf dem Gebiete des heutigen Bayern wurde die erste Brandschadensversicherung 1754 vom Markgrafen Carl Wilhelm Friedrich in Ansbach ins Leben gerufen. Doch bald folgten auch die schwäbischen Reichsstände. Die Reichsritterschaft, Kanton Donau, beschloss am 15. März 1784 in Ulm eine entsprechende Satzung, in der u.a. festgelegt wurde, dass die herrschaftlichen Schlösser nicht über 10.000 fl., die Kirchen nicht über 6000 fl. und die Türme nicht über 1000 fl. hinaus versichert werden dürfen. Nicht ersetzt wurde derjenige Schaden bei versicherten Gebäuden, der durch Erdbeben, Wind oder sonstige Unglücksfälle oder durch Kriegsereignisse entstanden war. Im Hochstift Augsburg war es der seit 1768 im Kurerzstift Trier und im Hochstift Augsburg gleichzeit regierende Erzbischof und Kurfürst, der 1786 aufgrund des „außerordentlichen Nutzens der in anderen Staaten mit besten Erfolg errichteten Brandschadenversicherungs Gesellschaften" ein entsprechendes Institut einrichtete. Er nutzte die Gelegenheit, um neben der Brandschaden-Versicherungs-Ordnung auch eine umfangreiche Feuerordnung zu erlassen, in der sich sehr strenge Bauvorschriften finden. Kamine aus Holz wurden nun völlig verboten. Auch einige „Reichsgotteshäuser" in Schwaben schufen nach dem „rühmlichen Vorgang vieler höchst- und hoher Herrschaften" ein „so ersprießliches Institut", das im Juli 1787 seine Tätigkeit aufnahm, an dem sich aber nicht alle Reichsstifte und Reichsabteien beteiligten. Ottobeuren schuf sich beispielsweise 1792 eine eigene Brandversicherungsanstalt.

a)–d) Staatsarchiv Augsburg, Kloster Ottobeuren Akten 665.

9 Zu niedrig versichert: Der fürstbischöflich-augsburgische Hofrat zu Dillingen gibt nach dem Dorfbrand zu Denklingen genaue Anweisungen zum Wiederaufbau und zum Feuerschutz

1791 März 22

Protokoll des Hofrats über die Sitzung vom 22. März 1791 mit Anweisung an das Pflegamt Leeder.

Nach dem Dorfbrand von Denklingen (vgl. Nr. 7) soll das zuständige Pflegamt prüfen, ob das Unglück nicht durch Unvorsichtigkeit entstanden sei. Den Verunglückten dürfen keine Brandbriefe ausgestellt werden, weil dies die fürstbischöflich-augsburgische Brandschadens-versicherungs-Ordnung verbiete. Bei den erbetenen Holzlieferungen aus den landesherrlichen Wäldern soll darauf geachtet werden, dass Schindeldächer angesichts der zahlreichen Ziegelhütten in der Umgebung nicht notwendig seien. Den Untertanen soll darüber hinaus vor Augen geführt werden, dass sie sich zu niedrig versichert haben. Auf Kosten aller Untertanen des Pflegamts Leeder soll eine Feuerspritze angeschafft werden. Der fällige Schadensersatz von 1420 Gulden soll unverzüglich ausbezahlt werden.

Staatsarchiv Augsburg, Hochstift Augsburg NA Akten 1381, I, § 398.

Formular. **Haupt-Kataster**

über

die Brandversicherungs-Anschläge

der Gebäude

der

unter Verwaltung des Königl. Land-(Patrim.) Gerichts N. N. stehenden Kommunen.

Verfaßt den 1811.

Namen der Kommunen.	Bezeichnung der Gebäude.	Bisheriger Assekurations-Anschlag. Partial- Summen. fl.	kr.	Total- Summen. fl.	kr.	Bezeichnung der bisherigen Brand-Versicherungs-Gesellschaft	Künftiger Assekurations-Anschlag. Partial- Summen. fl.	kr.	Total- Summen. fl.	kr.	Beylagen deren Benennung.	Ziffer.	Anmerkungen.
1. Kempten	1. das Rathhaus	1000	:			Provinzial-Brand-Versicherungs-Gesellschaft in Ulm	1200	:			Kataster des Polizey-Kommissariats Kempten	1	
	2. das Waghaus ganz von Quaderstein im Jahr 1809 neu erbaut.	600	:	1600	:	do.	600	:	1800	:	do.	1	

10 Die Königlich-Bayerische Brandversicherungsanstalt vom 23. Januar 1811

1811 Mai 10

Anordnung des General-Kommissariats des Iller-Kreises über die Verzeichnung der Stiftungs- und Gemeindegebäude.

Mit dem Hinwies auf die mit Verordnung vom 23. Januar 1811 eingeführte Brandversicherungsanstalt werden die kgl. Behörden aufgefordert, alle Gebäude der Gemeinden und Stiftungen spätestens bis 15. Juni in eigene Kataster nach beiliegendem Muster einzutragen.

Kgl.-Baierisches Allgemeines Intelligenzblatt des Illerkeises 1811, Sp. 374–380. Staatsarchiv Augsburg, Amtsbücherei.

11 Schwierigkeiten und Betrügereien bei der Schadensschätzung

1812 Juni 30

Verfahren bei Brandschäden.

Probleme machten der Brandversicherungsanstalt von Anfang an die Unsicherheiten bei der Schätzung der Gebäude und die Frage, wie die Haftung der Betroffenen bei Fahrlässigkeit zu beurteilen sei. Auch sah sich das Institut sehr schnell mit dem Delikt des Versicherungsbetrugs konfrontiert. Daher erließ man bereits 1812 detaillierte Regelungen zur Schadensermittlung und Schadensschätzung. Diesen Regelungen sollten noch viele andere folgen.

Königlich-Baierisches Allgemeines Intelligenzblatt (des Illerkreises) 1812, Sp. 437–443. Staatsarchiv Augsburg, Amtsbücherei.

12 Die Abgebrannten und die von der Brandversicherungsanstalt ersetzten Schäden

1812/13

Hauptrechnung der Brandversicherungsanstalt für das Rechnungsjahr 1812/13 mit der entsprechenden Aufstellung für den Illerkreis.

Von Anfang an wurden die Hauptrechnungen der Brandversicherungsanstalt zu „Jedermanns Wissenschaft" in den Regierungsblättern abgedruckt. Die Nennung der Geschädigten und der geleisteten Entschädigung sollte alle Nichtversicherten zum Beitritt ermuntern.

Königlich-Baierisches Regierungsblatt von 1815, Sp. 609f., 634 f.
Staatsarchiv Augsburg, Amtsbücherei

13 Flächendeckende Brandversicherung: Die Anlegung der „Brandassekuranzgrundbücher"

1812/49

Brandassekurranz-Grundbuch der Landgemeinde Siegertshofen im königlichen Landgericht Schwabmünchen.

Die bald nach Einrichtung der Brandversicherungsanstalt angelegten Grundbücher sind auch wichtige Quellen für die Hausgeschichte und für das Aussehen unseres Landes zu Beginn des 19. Jahrhunderts. So zeigt uns das vorliegende Grundbuch, dass die wenigsten Gebäude im Dorf Siegertshofen mit Ziegel gedeckt und aus Stein gebaut waren. Nur dann kamen sie in die günstige Versicherungsklasse 1. Beim gezeigten Beispiel wurde das Haus des Bauern Wendelin Fendt, das, wie die meisten Häuser in der Gemeinde, aus Fachwerk bestand und mit einem Strohdach gedeckt war, in die schlechte Versicherungsklasse 4, das des Bauer Stephan Simnacher, ein Steinbau mit Strohdach daher beim Versicherungs-Anschlag in die günstigere Versicherungsklasse 2 eingereiht.

Staatsarchiv Augsburg, Gemeindedepot Siegertshofen 27.

14 Was zahlt die Brandversicherung?

1936 Juni 14

Schadensforderung eines Anwesensbesitzers in Christertshofen nach einem Brand am 30. Mai 1936.

a) Liste der verbrannten Gegenstände

b) Schadensberechnung

Die fehlenden Preisangaben auf der Liste der verbrannten Gegenstände hatten eine Rückfrage der Brandversicherungsgesellschaft zur Folge. Der Führer der Ortsbauernschaft Nordholz nahm dazu Stellung: „[...] Es ist unmöglich, den Leuten zuzumuten, daß sie den Preis für jedes einzelne Stück, was einmal gekauft wurde, noch im Gedächtnis zu [sic!] haben, und eine Einholung von Preisen aus Geschäftskreisen, besonders auf dem Lande, wird nie ein rechtes Bild geben. Ich bitte Sie deshalb, nehmen Sie die Regulierung so vor, wie es für beide Teile gerecht ist. Der Mann ist alt und gebrechlich, weiss auch nicht, wie hoch er bei Ihnen versichert ist, da die Versicherungspolice mitverbrannt ist [...]".

Am 15. und 16. Juni 1936 wurde dann eine genaue Schadensberechnung „[...] laut den erhaltenen Angaben, den vorgefundenen Brandresten und dem ermittelten Gerettenen [...]" durch einen Sachverständigen durchgeführt. Dass die Aussteuergegenstände der drei Schwestern des Eigentümers bei einer anderen Versicherungsgesellschaft versichert waren, machte die Schadensregulierung etwas kompliziert.

a) und b) Staatsarchiv Augsburg, BA Illertissen 4659.

III. Die Gründung von Freiwilligen Feuerwehren

15 Augsburg: die älteste freiwillige Feuerwehr im heutigen Bayern

a) 1848
Gedruckte Statuten des Augsburger Rettungsvereins bei Feuersgefahren (mit Instruktion).

b) 1849
Provisorische Bestimmungen und Verhaltensregeln für die Mitglieder der Augsburger Löschmannschaft bei Feuersgefahren (gedruckt).

Entwickelt hat sich die Augsburger Feuerwehr, die sich erst seit 1859 so bezeichnete und später in Freiwillige Feuerwehr Augsburg umbenannte, aus dem „Augsburger Rettungsverein bei Feuersgefahren". Dieser Verein bestand schon im Jahre 1848. Seine Statuten wurden in der Buchdruckerei von Johann Peter Himmer (1801–1867), der die Gründung des Vereins maßgeblich beeinflusst hat, gedruckt. Durch Entschließung der königlichen Regierung von Schwaben und Neuburg vom 10.4.1849 wurden die Statuten genehmigt und am 13.4.1849 im Intelligenzblatt der Stadt Augsburg veröffentlicht.

In § 1 der Statuten sind die Ziele des Vereins formuliert:

„Zur Rettung von Menschen, Thieren und Besitzgegenständen aller Art bei zu befürchtenden oder ausgebrochenen Feuersbrünsten besteht in Augsburg ein Verein."

Mitglied konnte jeder unbescholtene Mann werden – Frauen waren also nicht zugelassen –, der in Augsburg seinen Wohnsitz hatte, die körperliche Befähigung besaß bzw. die nötige Gewandtheit erwerben wollte und willens war, die erforderlichen Geräte selbst anzuschaffen.

Bezüglich der Organisation des Vereins steht in den Statuten, dass der Verwaltungsausschuss – gebildet aus acht durch freie Wahl gewählten Vereinsmitgliedern sowie dem Hauptmann oder dessen Stellvertreter, dem Adjutanten und den Zugführern – den Verein nach außen vertritt und die Leitung über die inneren Angelegenheiten innehat. Besonders wichtig erscheinen die §§ 18 und 19, wonach der Augsburger Rettungsverein „ausschließlich das Recht und die Pflicht" hat, bei Feuergefahr

Menschen, Tiere und Sachgegenstände zu retten. Das bahnbrechend Neue war also, dass nicht wie früher die Obrigkeit diese Aufgabe wahrnahm, sondern ein aus privater Initiative entstandener Verein, der sich eigenverantwortlich um Leib und Leben seiner Mitbürger kümmerte. Andererseits waren aber die Vereinsmitglieder per Satzung dazu verpflichtet, „... mit aller Kraftanstrengung und Gewandtheit einerseits und Schonung andererseits zu retten, sie [Mensch und Tier] ebenso an einen sichern und tauglichen Ort unterzubringen, daselbst bis zur Beseitigung der veranlassenden Gefahr mit aller Sorgsamgkeit zu pflegen, zu hüten und zu bewahren."

Genauere Bestimmungen über die Organisation und die Einteilung des Rettungsvereins sowie über das Verhalten im Brandfall sind in der die Statuten ergänzenden Instruktion enthalten.

Ein reibungsloser Ablauf bei der Brandbekämpfung sollte dadurch sichergestellt werden, dass sich der Rettungsverein militärisch organisierte. Das Kommando und die Verantwortung lagen beim Hauptmann (§ 1). Durch diese straffe, auf dem Prinzip von Befehl und Gehorsam basierende, Organisation sollten eindeutige Hierarchien geschaffen werden. Die Zustände aus früheren Zeiten mit oft chaotisch verlaufenden Rettungsarbeiten sollten somit der Vergangenheit angehören.

Von Anfang an wurden Sektionen gebildet, die etwa 25 bis 30 Mann umfassten. Jede dieser Sektionen war für einen bestimmten Stadtteil zuständig. Sinnvollerweise war die Zuweisung der einzelnen Sektionsmitglieder so geregelt, dass sie nach Möglichkeit in den entsprechenden Vierteln wohnten. Jeder Sektion waren außer den eigentlichen Rettern noch ein Arzt, ein Chirurg sowie einige Schreiner und Schlosser zugeteilt. Zwei Sektionen bildeten einen Zug, den jeweils ein Zugführer leitete (§ 2).

Einen eigenen Zug bildeten satzungsgemäß die Turner (später hießen sie Steiger). Ihre Aufgaben bestanden vor allem darin, die Rettungs- und Strickleitern zu ersteigen, das Rettungstuch zu spannen und den Rettungssack zu bedienen (§ 3). Da sie an vorderster Front im Einsatz und damit auch der größten Gefahr ausgesetzt waren, mussten sie über eine sehr gute Konstitution verfügen und ein spezielles Training absolvieren.

Der Verein besaß auch eine eigene Fahne in den Farben der Stadt. Im Brandfall wurde sie möglichst rasch zur Brandstelle gebracht und neben dem Kommandanten aufgestellt; sie markierte sozusagen die Einsatzleitstelle. Bei Dunkelheit war die Feuerfahne durch eine bewegliche Laterne beleuchtet (§ 4). Vor dem brennenden Gebäude wurden Wachen aufgestellt, die außer der Löschmannschaft, die sich legitimieren musste, und den Mitgliedern des Rettungsvereins niemanden passieren ließen (§ 10).

Merkwürdigerweise geht die Instruktion auf die Menschenrettung, die sicher auch damals schon Priorität hatte, nur in einem Nebensatz ein. Relativ ausführlich dagegen wird beschrieben, welche Gegenstände in welcher Reihenfolge gerettet werden sollen: an erster Stelle Dokumente, Handlungsbücher und sonstige wichtige Papiere, dann Geld, Gold- und Silbergeschirr, Pretiosen, Uhren und weitere wertvolle Kleingegenstände, Weißzeug, Betten, Porzellan-, Kupfer-, Zinn-, und Messinggeschirr, Bettstellen, Tische, Kommoden, Musikinstrumente, Schränke und andere schwere Möbel (§ 11). Ein Augenmerk sollte auch auf feuergefährliche Gegenstände wie Schießpulver, Öl, Spirituosen, Terpentin etc. im Haus selbst oder in der Nachbarschaft gelegt werden (§ 12).

Als Rettungsplätze, an denen die geretteten Sachen zu deponieren waren, waren v.a. öffentliche Gebäude wie das Rathaus, der Dom, verschiedene Kirchen und Kasernen vorgesehen (§ 16).

Weitere Paragraphen betreffen die Zusammenkunft der Vereinsmitglieder im Brandfall (§§ 5 und 6), die Rettungswerkzeuge (§§ 7–9), den Transport der geretteten Güter (§ 14), die Entlassung des Vereins nach der Brandbekämpfung (§ 17) und die Rückgabe der in Sicherheit gebrachten Gegenstände (§§ 18–20).

Die Instruktion schließt mit einigen allgemeinen Verhaltensregeln (§§ 21–25). Sehr eindringliche Formulierungen enthalten die letzten drei Sätze:

„Bei der Gefahr selbst muß auf Entschlossenheit, auf nicht übertriebenen Eifer, wohl aber auf männliche Gelassenheit eines jeden Retters gerechnet werden. Sein Betragen gegen die Bedrängten wird liebreich und tröstend sein. Die edle, menschenfreundliche Absicht, die dieser wohlthätigen Anstalt zu Grunde liegt, wird ihr das Vertrauen der Mitbürger erwerben und den Muth und die Kräfte der Mannschaft stärken."

Aus den bisherigen Ausführungen wird deutlich, dass sich der Augsburger Rettungsverein bei Feuersgefahr nur auf die Rettung von Menschen, Tieren und Gegenständen konzentrierte. Das, was man heute mit dem Begriff Feuerwehr immer noch untrennbar verbindet – die Löschkomponente –, fehlt in den oben beschriebenen Statuten (mit Instruktion) fast gänzlich.

Ob sich im Jahr 1849 zusätzlich ein Löschverein gegründet hat, der sich im selben Jahr mit dem Rettungsverein zusammengeschlossen hat, ist derzeit nicht mit letzter Sicherheit zu beantworten. Eher dürfte es so gewesen sein, dass sich die schon bestehende Löschmannschaft dem Rettungsverein angeschlossen hat. Nach mehrmaliger Beratung wurden die „Provisorische Bestimmungen und Verhaltensregeln für die Mitglieder der Augsburger Löschmannschaft bei Feuersgefahren" in der Sitzung vom 24. auf den 25. August 1849 vom Stadtmagistrat genehmigt. Mit Reskript vom 1. Oktober 1849 erfolgte die Genehmigung durch die königliche Regierung von Schwaben und Neuburg, und am 24.11.1849 wurden die Statuten durch Abdruck im Augsburger Intelligenzblatt der Öffentlichkeit zur Kenntnis gebracht.

Als sich 1874 zum 25-jährigen Jubiläum der Freiwilligen Feuerwehr Augsburg die Frage stellte, welcher Tag nun als Gründungsdatum anzusehen ist – es standen mehrere Daten zur Verfügung –, entschied man sich per einstimmigem Beschluss dafür, den 25. August 1849 zu wählen. Das Jubiläumsfest selbst aber fand schon am 23. August 1874, am vorhergehenden Sonntag, statt.

Was die Organisation der Löschmannschaft angeht, sahen die Statuten Folgendes vor. An der Spitze steht die Löschdirektion, die sich aus dem 1. Bürgermeister (oder dessem Stellvertreter), den rechtskundigen Räten und dem städtischen Baurat zusammensetzt. Als Gehilfen fungieren die Polizeiaktuare, die Offizianten und das Baupersonal. Die Löschdirektion sollte nur Leitungsfunktionen übernehmen und dafür Sorge tragen, dass ausschließlich die Löschabteilung die Brandbekämpfung vornimmt; nur ausnahmsweise sollte weiteres Personal zugelassen werden (§ 5,6).

Ferner wurde die Zusammensetzung der Löschmannschaft sowie Rangabzeichen und Funktion der einzelnen Chargen genauestens geregelt. Die technische Leitung über das gesamte Personal hatte der Löschinspektor. Ihm untergeordnet waren die Assistenten, die Maschinen- und Oberspritzenmeister, die Spritzenmeister, die Schlauchführer, die Zug- und Rottenführer etc. Die schwierige Arbeit des Einreißens von Mauern, Balken usw. war dem bautechnischen Zug – bestehend aus Maurern, Zimmerleuten, Kupferschmieden und ähnlichen Berufsgruppen – übertragen.

Die Maschinen- und Oberspritzenmeister mussten sich mindestens einmal monatlich vom ordnungsgemäßen Zustand der städtischen Spritzen überzeugen und bei festgestellten Mängeln dem Direktorium darüber berichten, wobei sie Vorschläge zur Abhilfe machen sollten. Ferner sollten sie bei den Proben die Aufsicht führen, den Spritzenmeistern Anleitungen geben und ihnen mit Rat und Tat zur Seite stehen.

Von den Spritzenmeistern wurde verlangt, dass sie über detaillierte technische Kenntnisse der Spritzen verfügt. In der Regel leiteten sie das Standrohr und befehligten das Spritzenpersonal. Sie hatten darüber zu wachen, „... daß der Zweck der Spritze erfüllt, das Wasser nicht unnöthig oder gar nachtheilig verwendet werde."

Abschließend einige Bemerkungen zur Bedeutung der Gründung der Augsburger Feuerwehr. Sie liegt darin, dass sie als älteste Feuerwehr in Bayern (rechts des Rheins) – im damals noch zu Bayern gehörenden pfälzischen Speyer hatte sich schon 1848 eine Feuerwehr konstituiert – und als eine der ältesten in ganz Deutschland Vorbildcharakter für andere Städte, Märkte und Dörfer hatte. Bei vielen Feuerwehrgründungen in ganz Bayern war sie behilflich. So bat z.B. die königlich bayerische Regierung von Mittelfranken am 4.5.1849 um Übersendung von 6 Exemplaren der Statuten des Augsburger Rettungsvereins bei Feuersgefahren. 1859, also zehn Jahre später, erschien eine Abordnung des Münchener Magistrats in Augsburg, um sich vor Ort über die Organisation der Augsburger Feuerwehr zu informieren.

Ihren Höhepunkt erlebte die Augsburger Feuerwehr Anfang der 20er-Jahre des 20. Jahrhunderts. 1924, im Jahr des 75-jährigen Gründungsjubiläums, war sie die größte Feuerwehr im Deutschen Reich. Insgesamt gehörten ihr seinerzeit 1837 Männer an: 50 Berufsfeuerwehrmänner, 924 Mitglieder der städtischen freiwilligen Feuerwehr und 863 Angehörige der Fabrikfeuerwehren.

Staatsarchiv Augsburg, Regierung 10393

16 Eine der ersten Dorffeuerwehren in Bayerisch-Schwaben

1864 Januar 1

Antrag an das Bezirksamt Lindau auf Genehmigung der Errichtung einer freiwilligen Turn- und Feuerwehr in Wasserburg am Bodensee.

Staatsarchiv Augsburg, BA Lindau 5333.

17 Gründung der Freiwilligen Feuerwehr Burtenbach

a) 1871 Oktober 8
Protokoll über Bildung und Wahl des Verwaltungsrates der Freiwilligen Feuerwehr Burtenbach (Bezirksamt Günzburg).

b) 1871
Handschriftliche Statuten der Freiwilligen Feuerwehr Burtenbach.

c) 1897
Mitglieder der Freiwilligen Feuerwehr und des Musikvereins Burtenbach im Garten des Vereinslokals „Zum Schwan" (Fotografie).

Die Errichtung der Freiwilligen Feuerwehr Burtenbach ist ein typisches Beispiel für eine Vereinsgründung, wie sie sich in ähnlicher Form an vielen anderen schwäbischen Orten im ausgehenden 19. Jahrhundert vollzogen hat.

Die Gründungsversammlung fand am 8.10.1871 im Gasthaus „Zum Schwan" statt. Über die entscheidenden Vorgänge an diesem Tag unterrichtet das ausgestellte Protokoll. Dem Text nach zu urteilen, war die Entscheidung zur Gründung einer freiwilligen Feuerwehr schon vorher gefallen. Erschienen war zu der Versammlung auf Einladung auch Theodor Zacher, der Adjutant der freiwilligen Feuerwehr in Burgau. Er hielt zunächst einen Vortrag über den Nutzen der Feuerwehren und verlas nach Bildung eines provisorischen Ausschusses den Statutenentwurf. Sämtliche Bestimmungen wurden mit Ausnahme des Paragraphen 8, der leicht abgeändert wurde, einstimmig angenommen. Es folgte die Wahl des Verwaltungsrates. Gewählt wurden:

1. Vorstand: Jakob Ungerbühler
2. Kommandant: Johann Breitinger
3. Adjutant: Johann Seitz
4. Kassier: Mathias Kopp

5. Requisitenmeister: Martin Leidel
6. Zugführer der Steigerabteilung: Christian Schnabel
7. Rottenführer der Steigerabteilung: Christian Schmid
8. Zugführer der Retterabteilung: Martin Ungerbühler
9. Rottenführer der Retterabteilung: Christian Oswald
10. Zugführer der Spritzenmannschaft: Mathias Ostenrieder
11. Rottenführer der Spritzenmannschaft: Kaspar Kühnle.

Alle Gewählten erklärten sich zur Annahme der Wahl bereit und bestätigten dies durch ihre Unterschrift.

Hochinteressant ist, dass am 6. Oktober 1871, also zwei Tage vor der Gründungsversammlung, der Bürgermeister von Burtenbach an das königliche Bezirksamt Günzburg ein Schreiben richtete, in dem er die bestehende Organisation des Feuerlöschwesens in Burtenbach Folgendermaßen beschrieb: „... In der Gemeinde Burtenbach hat, wenn es im Orte selbst brennt, jeder Ortsangehörige mit dem Feuereimer auf dem Brandplatze zu erscheinen, die Fuhrwerksbesitzer haben die Feuerspritze herbeizuführen, sowie die Güllenfaßbesitzer angewiesen sind, um Wasser herbeizuschaffen, wen[n] es nothwendig sein sollte. Derjenige, welcher die Feuerspritze, sowie derjenige, welcher das erste Güllefaß mit Wasser zuerst auf die Brandstätte bringt, erhalten je einen Kronentahler als Belohnung aus der Gemeindekasse.

Für auswärtige Brände ist die Gemeinde in 6 Rotten mit je einem Rottmeister und 30 Mann nach dem Turnus eingetheilt, P[f]erdebesitzer sind zum voraus angewiesen, dass sie bei dem nächst auszubrechenden Brande an die Feuerspritze anzuspannen haben, auch sind 3 ständige Feuerreiter und 2 Spritzenmeister aufgestellt.

Bei dem Ausbruche eines auswärtigen Brandes haben sich der treffende Rottmeister mit seiner Mannschaft, welcher ein jeder im Besitze eines Feuereimers sein muß, sowie die Pferdebesitzer zum Anspann an die Feuerspritze, die 3 Feuerreiter mit den Pferden und die 2 Spritzenmeister nach gegebenem Feuersignale vor dem Rathause, wo sich die Feuerrequisiten befinden, einzufinden, wo ihnen sodann die weiteren Weisungen ertheilt werden können."

Das Bezirksamt Günzburg erwiderte am 10. Oktober 1871 – das Protokoll über die Gründungsversammlung lief erst am 15. November 1871 in Günzburg ein –, „... daß das Feuerlöschwesen für einen so großen Ort wie Burtenbach nicht in genügender Weise eingerichtet ist ...

Wenn, wie es fast zu befürchten steht, der Markt Burtenbach nicht das Beispiel kleinerer Gemeinden nachahmen und eine freiwillige organisirte Feuerwehr ins Leben rufen kann, so muß wenigstens darauf bestanden werden, daß die zur Zeit vorhandenen Kräfte in einer Weise organisirt werden, daß sie ihre Aufgaben auch wirklich erfüllen kann ..."

Nach dem Vereinsgesetz vom 26. Februar 1850 mussten alle nichtpolitischen Vereine – als solche galten auch die freiwilligen Feuerwehren – mit Vorstandschaft und Satzungen ihre Gründung, ihren Zweck sowie Änderungen in der Vorstandschaft der Ortspolizeibehörde (Bürgermeister) anzeigen, die wiederum die Distriktsverwaltungsbehörde – in der Regel waren dies die Bezirksämter – zu verständigen hatte.

Die Statuten der Burtenbacher Feuerwehr stammen von Theodor Zacher, dem Adjutanten der Burgauer Feuerwehr. Sie gliedern sich in 10 Kapitel mit insgesamt 32 Paragraphen. In der Einleitung werden zunächst die hauptsächlichen Ziele des Vereins formuliert, nämlich die „unentgeltliche Rettung von Menschen, Tieren und Besitzgegenständen" – eine Formulierung, wie sie uns fast wörtlich schon in der Satzung des Augsburger Rettungsvereins bei Feuersgefahren begegnet. Merkwürdigerweise wird dann der 1. Oktober 1871 als Vereinsgründungsdatum angegeben. Im zweiten Kapitel wird v.a. geregelt, wer Vereinsmitglied werden kann: „Mitglied des Vereins kann jeder unbescholtene Mann werden, welcher das 18. Lebensjahr erreicht hat, hier wohnhaft, körperlich befähigt und geneigt ist, sich die nöthige Gewand[t]heit zu erwerben und die ausschließliche Hilfeleistung bei ausbrechender Feuersgefahr mit Anstrengung aller Kraft zu bethätigen und sich den Anordnungen der Vorgesetzten unweigerlich zu unterziehen."

Kapitel III legt die Zahl und die Bezeichnung der Abteilungen der Feuerwehr fest. Sie entspricht der auch andernorts üblichen Einteilung in Steiger-, Retter- und Spritzenmannschaft. Kapitel IV handelt von den „Vorgesetzten". Insbesondere werden hier die Zusammensetzung des Verwaltungsrates und die Funktionen der einzelnen Chargen umschrieben. Damals wie heute obliegt die technische Leitung des Vereins allein dem Kommandanten, während für die Verwaltung der äußeren und inneren Angelegenheiten der Verwaltungsrat (heute: Vorstandschaft) zuständig ist. Kapitel V enthält die Aufnahmebestimmungen und regelt den Austritt aus dem Verein. Neue Mitglieder werden zur genauen Einhaltung der Statuten und der Dienstordnung verpflichtet. Es folgen in Kapitel VI die Pflichten der Feuerwehrleute, in Kapitel VII Details zur Generalversammlung und in den Kapiteln VIII und IX zur Vornahme der Wahlen bzw. zu den Strafen. Kapitel X enthält die Schlussbestimmungen mit dem wichtigen Hinweis darauf, was bei Auflösung des Vereins mit den Geldmitteln und den Lösch- und Rettungsgeräten geschehen soll.

a–b) Staatsarchiv Augsburg, BA Günzburg 4673.
c) Freiwillige Feuerwehr Burtenbach.

18 Schulterschluss der freiwilligen Feuerwehren auf Bezirksebene (Kreisebene)

1874 Juni 12

Einladung des Kemptener Feuerwehrkommandos an den königlichen Bezirksamtmann von Kempten zur konstituierenden Sitzung eines zu gründenden Gauverbandes der freiwilligen Feuerwehren im Amtsbezirk Kempten.

Bereits am 21. Januar 1874 richtete die Turnerfeuerwehr Kempten an das königliche Bezirksamt Kempten einen Antrag, in dem darum gebeten wurde, die Gründung eines Gauverbandes der Feuerwehren im Amtsbezirk Kempten – dem Vorbild anderer Feuerwehren Schwabens folgend – zu genehmigen. Als Begründung wurde angeführt, dass man glaube, „... dadurch die Sache des Feuerwehrwesens bedeutend zu fördern.“ Einen Entwurf der Verbandssatzungen wollte die Turnerfeuerwehr nachreichen. Das Bezirksamt Kempten antwortete prompt und sicherte am 22. Januar 1874 die erbetene Unterstützung zu. Der Amtsbezirk des Bezirksamts Kempten umfasste seinerzeit 19 Gemeinden mit 663 einzelnen Ortschaften, die Bevölkerungszahl betrug 22736. Die erste Gemeinde, in der eine freiwillige Feuerwehr gebildet worden war, war wohl Wiggensbach (1.2.1869).

In der kreisunmittelbaren Stadt Kempten dagegen war schon am 5. Juli 1856 eine Feuerwehr gegründet worden, worauf auch das Spruchband auf der gezeigten Einladung hinweist. Nach Augsburg, Lindau, Nördlingen und Günzburg stand Kempten in der Reihenfolge der Feuerwehrgründungen in Schwaben damit an fünfter Stelle.

Staatsarchiv Augsburg, BA Kempten 120/9.

19 Satzungen als Grundlage der Vereinsgründungen

1876 Dezember 21

Statuten der freiwilligen Feuerwehr Heimenkirch (Titelblatt)

Staatsarchiv Augsburg, BA Lindau 5320.

20 „Wertach brennt"

a) 1893 April 19
Katasterplan mit Einzeichnung der in Wertach (Bezirksamt Sonthofen) abgebrannten Gebäude.

b) 1893
Aufnahmen von Wertach vor bzw. nach dem Brand (Fotografien nach alten Postkarten).

Am 16. April 1893 kurz vor 12 Uhr brach in einem Stadel am südwestlichen Ende des Marktes Wertach ein verheerender Brand aus, der infolge des heftigen Windes rasch auf nahezu den gesamten Ort übergriff. Binnen weniger Stunden wurden die Pfarrkirche und ca. 100 Wohnhäuser mit Nebengebäuden in Schutt und Asche gelegt. Zerstört wurden nicht nur die großteils aus Holz erbauten und mit Schindeln eingedeckten Häuser, sondern auch die Gebäude, die aus Backstein errichtet und mit Blech oder sonstigem festen Material versehen waren (z.B. drei große Gasthäuser). Vom Brand verschont blieben lediglich einige wenige, am Ortseingang im Südwesten gelegene Wohnhäuser sowie die auf einer Anhöhe stehenden Gebäude, darunter der Pfarrhof, das Forsthaus, die Schule und die Lehrerwohnung. Obwohl zahlreiche Feuerwehren aus der näheren Umgebung erschienen waren und Wasser „in Hülle und Fülle" zur Verfügung stand, war eine Rettung unmöglich, da die große Hitze ein Näherrücken der Feuerwehren an den Brandherd verhinderte.

Wie die Quellen berichten, waren Menschenleben nicht zu beklagen, auch der größte Teil des Viehs konnte gerettet werden. Für die rund 700 obdachlos gewordenen Personen – Wertach zählte seinerzeit etwa 850 Einwohner – genehmigte Prinzregent Luitpold im Rahmen einer Soforthilfemaßnahme bereits am 18.4.1893 eine Unterstützung von 5000 Mark. Brandkollekten, also Sammlungen für die geschädigten Bewohner, wurden außerdem in den Regierungsbezirken Oberbayern,

Niederbayern, Mittelfranken sowie Schwaben und Neuburg durchgeführt. Allein in Schwaben kamen an Geldspenden 133470 Mark und 45 Pfennige zusammen.

a) Staatsarchiv Augsburg, Regierung 8832.
b) Privatbesitz.

21 Fünfzig Jahre später – zwei Gründungsmitglieder der Augsburger Feuerwehr im Bild

1899

a) Wilhelm Heinrich und Jakob Gembs, zwei „noch aktive" Gründungsmitglieder der Augsburger Feuerwehr, mit der Schrannenhalle am Moritzplatz, die von 1849 bis 1899 Domizil der Augsburger Feuerwehr war (Fotografie nach einer alten Postkarte).

b) Georg Brach, Kommandant, und Friedrich Steinhäußer, städtischer Baurat und Vorstand der Augsburger Feuerwehr, mit dem neuen Zentral-Feuerhaus (Fotografie nach einer alten Postkarte).

Anlässlich des 50-jährigen Jubiläums der Augsburger Freiwilligen Feuerwehr im Jahre 1899 erschienen diese beiden Jubiläumspostkarten. Im Folgenden einige biographische Daten zu den vier gezeigten Personen:

Jakob Gembs (1827–1907)
- 1848: Gründungsmitglied des Augsburger Rettungsvereins
- 1848–1857: Mitglied der Steigerrotte II
- 1857–1869: Rottenführer der Steigerrotte II
- 1873–?: 2. Feuerwehrsekretär
- Juni 1866–?: Mitglied des Verwaltungsausschusses und des Feuerwehrkommandos

In einem Bericht des Stadtmagistrats Augsburg an das Präsidium der königlichen Regierung von Schwaben und Neuburg vom 9.4.1874 erscheint Jakob Gembs unter dem Personenkreis, der sich während seiner 25-jährigen Dienstzeit besondere Verdienste um die Feuerwehr erworben hat, nach Max Treu, Karl Lettenbauer und David Kneule an vierter Stelle.

Wilhelm Heinrich (1829–1901)
- 8.5.1849: Eintritt in die Feuerwehr
- 1849/50, 1852–1864: Mitglied der Retterrotte

- 1864–1868: Rottenführer der Spritzenrotte VI
- 1868–?: Mitglied der Spritzenrotte III
- 1868–?: Mitglied des Feuerwehrkommandos

Georg Brach (1839–1925)
- 28.4.1862: Eintritt in die Feuerwehr
- 28.4.1862–28.11.1864: Mitglied der Spritzenrotte I
- 28.11.1864–30.03.1869: Rottenführer der Spritzenrotte VI
- 30.3.1869–?: Zugführer und Mitglied des Feuerwehrkommandos
- ab 1867: Vorstand der Feuerwehr-Unterstützungskasse
- 1872–1879: Gemeindebevollmächtigter
- 1879–1914: Magistratsrat
- 1887–1905: Abgeordneter im Bayerischen Landtag
- 1899–1913: Kommandant der Augsburger Berufsfeuerwehr
- 1919: Ehrenbürger von Augsburg

Georg Brach gilt als Vater der 1899 gegründeten Berufsfeuerwehr und als der entscheidende Motor der im selben Jahr erfolgten Neuorganisation der freiwilligen Feuerwehr. Sichtbarstes Zeichen der Modernisierung war der Umzug der Feuerwehr aus der Schrannenhalle in das neue, größere Zentralfeuerhaus. Dieses Gebäude, ehemals städtisches Waffenarsenal bzw. Zeughaus, wurde 1978–1980 restauriert und beherbergt heute u.a. die Volkshochschule und ein Restaurant.

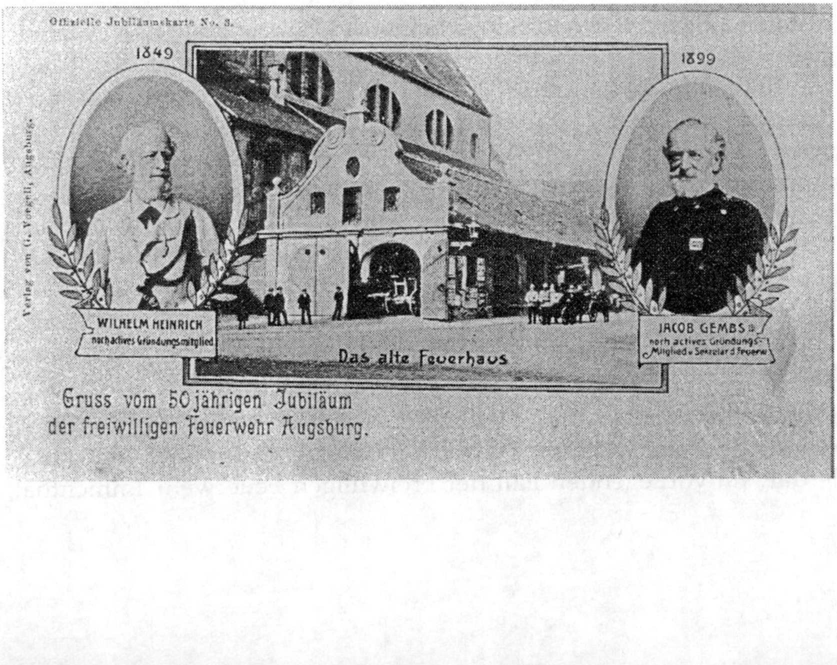

Friedrich Steinhäußer (1852–1929)
1891–1901: städtischer Baurat
1901–1911: Oberbaurat

Der städtische Baurat war satzungsgemäß Vorstand der Augsburger Freiwilligen Feuerwehr. Unter Steinhäußers Ägide wurden in Augsburg folgende wichtige Bauprojekte durchgeführt: Stadtbibliothek (1892/93), Bismarckbrücke (1898), Gaststätte am Hochablass (1898), Schlacht- und Viehhof (1898/1900), Pfründehaus der paritätischen St. Jakobsstiftung (1899), Polizeigebäude (1900/1902, Verwaltungsgebäude I), Stadtbad (1902/1903). Als er 1910 trotz der durch eine Hochwasserkatastrophe am Hochablass entstandenen Bauschäden eine Kur antrat, kam es zum Eklat. Er wurde am 1.4.1911 in den Ruhestand versetzt.

a) Stadtarchiv Augsburg, Fotosammlung F 1336.
b) Stadtarchiv Augsburg, Fotosammlung F 1337.

22 „Feuerwehrball trotz schlechten, stürmischen Wetters gut besucht"

1902 Januar 25

Eintrag im Protokollbuch der Freiwilligen Feuerwehr Immenthal (Bezirksamt Marktoberdorf) über den Faschingsball am 25.1.1902.

Auf den aufgeschlagenen beiden Seiten des Protokollbuchs der Freiwilligen Feuerwehr Immenthal dominiert der Eintrag über den Feuerwehrball vom 25. Januar 1902. Wie der Protokollant schreibt, war der Ball trotz schlechter Witterung gut besucht und verlief „in der amüsantisten Stimmung". Einziger Wehrmutstropfen: Der Feuerwehrvorstand musste den Ball wegen Unwohlseins schon vorzeitig verlassen. Zur guten Stimmung beigetragen haben offenbar auch die mit reichlich Beifall bedachten Vorträge „Der Gaggelbauer-Toni in der Stadt München", „Die sieben Schwaben" und „Der Pantoffelritter" (oder „Nach Mitternacht"). Am 16. November 1902 beteiligte man sich mit 21 Mann und Fahne am 25-jährigen Jubiläum der Freiwilligen Feuerwehr Ebersbach.

Protokollbücher von freiwilligen Feuerwehren stellen für die Erforschung der Feuerwehrgeschichte eines Ortes eine hervorragende Quelle dar. Im vorliegenden Fall der Freiwilligen Feuerwehr Immenthal, deren Gründung vom 6. Juni 1875 datiert, wurde der Band 1898 angelegt und bis 1949 geführt. Er zeichnet sich formal durch ein klares Schriftbild und inhaltlich durch eine sorgfältige Führung aus. Protokolliert wurden vor allem die Ergebnisse von Generalversammlungen, Übungen, Brandeinsätze, Teilnahme an Feuerwehrtagen, an Festereignissen und an Beerdigungen von Vereinsmitgliedern, Verleihung von Ehrenzeichen an langjährige Mitglieder.

Freiwillige Feuerwehr Günzach, Protokollbuch

23 „Statt Wasser wurde mit Jauche gespritzt“

1905 Dezember 30

Bericht der Freiwilligen Feuerwehr Immenthal über den Brand im Anwesen des Michael Geromüller zu Eggenbühl (Bezirksamt Marktoberdorf).

Der Brand im Anwesen mit der Hausnummer 109 in Eggenbühl brach nachts gegen 22 Uhr 15 in der Scheune aus, eine Viertelstunde später erfolgte der Alarm durch Sturmläuten, Feuerrufe und Trompetensignale. Etwa zeitgleich um 23 Uhr trafen die Feuerwehren von Immenthal und Obergünzburg an der Brandstelle ein, später erschienen auch noch die Feuerwehren aus den Nachbarorten Burg und Ebersbach mit 20 bzw. 35 Mann. Bereits bei Ankunft der ersten Feuerwehrleute stand das ganze Anwesen in Flammen.

Äußerst nachteilig wirkte sich aus, dass der Weiler Eggenbühl, der seinerzeit aus sechs Wohnhäusern bestand und 36 Einwohner zählte, über keine eigene Wasserreserve verfügte. Da überhaupt kein Löschwasser vorhanden war, mussten die Löschmannschaften mit Jauche aus der Odelgrube spritzen. Die Löschversuche waren somit von vornherein zum Scheitern verurteilt. Sämtliche Gebäudeteile wurden ein Raub der Flammen.

Wie aus dem vom 26. Dezember 1905 datierenden Eintrag im Protokollbuch (vgl. Nr. 22) hervorgeht, wurde den Feuerwehrleuten „... früh ½ 5 Uhr von den Ökonomen von Eggenbühl Kaffe verabreicht, welcher mit Dank angenommen wurde, auch erhielt die Mannschaft wehrend des Tages 2mal Bier u. Käs aus der Gemeindekasse.“

Freiwillige Feuerwehr Günzach, Dienstbuch.

24 Carl Metz (1818–1877): Der Vater der Freiwilligen Feuerwehren

Undatiertes Porträt

Carl Metz wurde am 5. August 1818 als Sohn des großherzoglich badischen Gerichtsschreibers Melchior Friedrich Metz und der Sophie Metz, Tochter des Heidelberger Professors für Arzneimittelkunde Wilhelm Mai, in Feudenheim bei Mannheim geboren. Nach einer Schlosserlehre in Mannheim ging er auf Wanderschaft. Bei seinen Auslandsaufenthalten kam er auch nach Paris, wo er das dortige vorbildliche Löschwesen kennen lernte.

1842 machte er sich selbständig und gründete eine „Fabrik hydraulischer Maschinen, Eisen- und Messinggießerei". Wohl unter dem Eindruck der verheerenden Brandkatastrophe, die sich an Pfingsten 1842 in Hamburg ereignet und bei der sich die völlige Unzulänglichkeit der herkömmlichen Löscheinrichtungen gezeigt hatte, begann Metz damit, sich auf die Verbesserung von Feuerspritzen und Löschgeräten zu spezialisieren. Das Konzept von Carl Metz bestand nicht nur darin, Feuerspritzen und andere Löschgerätschaften mit äußerster technischer Präzision herzustellen, sondern er achtete auch auf deren praktische Verwendbarkeit. Als dritte Säule kam sein Bemühen hinzu, die herkömmlichen Pflichtmannschaften durch freiwillige Löschvereine oder Bürgerwehrabteilungen zu ersetzen; durch ständiges Üben sollten sie trainiert werden.

In der Regel fuhr Metz bei der Lieferung einer neuen Spritze selbst mit und wies die Löschmannschaft vor Ort in die Bedienung ein. Dies war auch der Fall, als Metz nach der Bestellung einer Spritze durch den Stadtbaumeister und Gemeinderat von Durlach, Christian Hengst, am 18. Mai 1846 seine Maschine dort vorstellte. Auf Anraten des Heidelberger Spritzenfabrikanten rief Christian Hengst in Durlach am 27. Juli 1846 ein freiwilliges „Pompier-Corps", wie man damals sagte, ins Leben. Schon wenige Monate nach ihrer Gründung musste die Durlacher Löschmannschaft beim Brand des Karlsruher Hoftheaters am 28. Februar 1847 ihre Feuertaufe bestehen. Das mit Metz'schen Spritzen ausgerüstete, vorzüglich ausgebildete Durlacher Corps erwies sich den Karlsruher Löschmannschaften bei weitem überlegen. In der Presse wurden Hengst und Metz als Helden gefeiert.

Die erste freiwillige Feuerwehr in Deutschland war zwar unter der Bezeichnung „Freiwilliges Feuerlösch- und Rettungskorps" am 17. Juli 1841 im sächsischen Meißen entstanden, vom badischen Durlach gingen aber – man kann von einer Art Initialzündung sprechen – weit stärkere Impulse zur Bildung weiterer freiwilliger Feuerwehren aus. Und dazu hatte auch der nimmermüde Carl Metz sein Scherflein beigetragen. In seinen zahlreichen Preis-Couranten (Lieferverzeichnissen) empfahl er im Vorspann die Gründung von Löschvereinen, und bei der Vorführung seiner Maschinen hielt er meist noch Vorträge zu diesem Thema. In einem seiner Preiscouranten von 1847 schrieb er:"Es handelt sich aber nicht allein um die Anschaffung von Löschgerätschaften, denn die Werkzeuge sind tot, aber die Nächstenliebe und der feste Wille, im Falle der Not helfen zu wollen, müssen lebendig sein. Keine Obrigkeit kann hierzu zwingen; es müssen sich freiwillige Vereine bilden, die aus tatkräftigen Männern bestehen, denen das Wohl ihrer Nebenmenschen so sehr am Herzen liegt, als das eigene ..."

Die Erfindungen und Neuerungen bei der Herstellung von Feuerlöschmaschinen und sein Engagement bei der Gründung freiwilliger Feuerwehren machten ihn schon zu Lebzeiten über die Grenzen Badens hinaus berühmt. Carl Metz soll auch den Begriff „Feuerwehr" geprägt haben, den es bis zu diesem Zeitpunkt gar nicht gegeben hatte.

Drei Jahre nach seinem Tod wurde im Rahmen des 8. Badischen Feuerwehrtages in Heidelberg ein Denkmal eingeweiht, das aber im Ersten Weltkrieg wieder abgerissen wurde. Die aus Bronze gegossene Büste wurde zu Kriegszwecken eingeschmolzen. Im Jahr 1920 wurde das Denkmal neu errichtet.

Foto in: Egid Fleck, Gestalten aus dem Brandschutz- und Feuerwehrwesen in Baden und in Württemberg, Stuttgart 1963.

IV. Staatliche Maßnahmen und Verbandsinitiativen zum Feuerschutz im 19. und 20. Jahrhundert

25 „Breckle" Spritzen, staatlich geprüft

1812 April 15

Das Generalkommissariat des Illerkreises in Kempten macht auf die Traglöschmaschinen des Kupferschmieds Breckle in Mindelheim aufmerksam zur Vermeidung der „Anschaffung äußerst kostspieliger und dabey noch von keinem bekannten oder geprüften Meister gefertigter Löschmaschinen ..."

Intelligenzblatt des Illerkreises 1812, Sp. 221 f.
Staatsarchiv Augsburg, Amtsbücherei.

26 Der Sattlermeister Baptist Herz aus Obergünzburg bittet die Bayerische Akademie der Wissenschaften wegen der Aufrichtung eines Blitzableiters um Rat

1819 August 10

Der Sattlermeister berichtet von dem Einschlag eines Blitzes an dem blitzableiterlosen Kirchturm seiner Heimatgemeinde und bei seinem Haus und wünscht sich nun einen Blitzableiter. Die Akademie (Prof. Yelin) kommt dem Wunsch des „wackeren" Sattlermeisters nach und schickt ihm einen ensprechenden Entwurf.

München, Archiv der Bayerischen Akademie der Wissenschaften München, VII 160.

27 „Feuerlöschwesen höchst ungenügend eingerichtet": Verbesserungsvorschläge durch die Behörde

1871 November 4

Bekanntmachung des Bezirksamts Günzburg an alle Bürgermeisterämter über das Feuerlöschwesen im Amtsbezirk Günzburg (Amtsblatt des Bezirksamts Günzburg 1871, S. 167–169).

Das Bezirksamt Günzburg betont, dass es zu den wichtigsten Aufgaben der Gemeinden gehört, das Feuerlöschwesen vernünftig zu organisieren. Gerade die zahlreichen Feuersbrünste der vergangenen Jahre hätten gezeigt, dass dies eigentlich eine Selbstverständlichkeit sei. Zwar wolle man behördlicherseits die Einführung freiwilliger Feuerwehren in den kleinen Landgemeinden nicht zur Pflicht machen, aber es wird deutlich angesprochen, dass die freiwilligen Feuerwehren „unstreitig die wirksamsten Anstalten sind zur Darniederhaltung und Bewältigung des entfesselten Elementes ..." Ferner wird zum einen auf Artikel 138 Absatz 5 der 1869 erlassenen Gemeindeordnung verwiesen, wonach vor allem die Bürgermeister die Verpflichtung haben, ihre besondere Aufmerksamkeit auf die Feuerlöschanstalten zu richten, und zum anderen auf die distriktspolizeiliche Feuerordnung vom 23.9.1865. Schließlich ergehen noch Anordnungen über die Gliederung und Organisation der Feuerrotten.

Staatsarchiv Augsburg, Amtsbücherei

28 Brände brauchen Buchführung

1875–1880

Band mit mehreren Formularen zur Verwendung durch einzelne Bezirksfeuerwehrverbände (hier: Dillingen-Land), herausgegeben vom Kreisfeuerwehrverband Schwaben und Neuburg.

Der Band ist untergliedert in die Abschnitte Feuerwehren-Verzeichnis, Brände-Verzeichnis, Feuerwehr-Inspektionen, Unterstützungen an freiwillige Feuerwehren und Gemeinden aus Mitteln des Kreises und der bayerischen Brandassekuranzkammer, Unglücksfälle und Erkrankungen freiwilliger Feuerwehr-Mitglieder bei Brandfällen und Übungen, Bezirksfeuerwehr-Ausschuss-Wahlen sowie Notizen.

Aufgeschlagen ist eine Doppelseite aus dem Brändeverzeichnis. Dieses zeigt die Rubriken Brandort, Anwesen, Entstehungsursache, Dauer des Brandes, Oberkommando am Brandplatz, Freiwillige Feuerwehren, Pflichtfeuerwehren, Zahl der Mannschaften, Zahl der Löschmaschinen, Druckschläuche und Schubleitern, Unglücksfälle, Beobachtungen und Name des Einlieferers des Brandberichtes. Als Brandursachen werden darin genannt: Umfallen einer Petroleumlampe, Blitzstrahl, vermutlich Brandstiftung, Kohlen in der Asche, Unvorsichtigkeit bei Verbrennung von Käferpflanzen im Wald, durch Kinder, Aufbewahrung von Torfasche in einem mit einem Schurz verdeckten Topf im Hausgang.

Staatsarchiv Augsburg, BA Dillingen n.S. 3177c.

29 Zeitung für Feuerlöschwesen

1880

Die „Zeitung für Feuerlöschwesen" war ein Organ des am 13. April 1868 in Gunzenhausen gegründeten Bayerischen Landes-Feuerwehrverbandes.Sie wurde beim Feuerschutzverlag Ph.L. Jung in München gedruckt.

Staatsarchiv Augsburg, BA Dillingen n.S. 3177b.

30 Kaminkehrermeister Johann Linder aus Kempten kämpft vergeblich um seinen Kehrbezirk und stirbt verbittert

1899 Dezember 30 – 1901 Juli 6

a) Schwarzes Arbeitsbuch des Kaminkehrermeisters Johann Linder für die Gemeinden Wiggensbach und Krugzell.

b) Verordnung vom 27. Februar 1869, die Regelung der Verhältnisse der Kaminkehrer betr.

c) Todesanzeige des Johann Linder († 15. Mai 1900).

Am 30. Dezember 1899 stellte Joseph Schneider aus Kempten, der als Stellvertreter im Kehrbezirk des Johann Lindner arbeitete, den Antrag, „ein hohes königliches Bezirksamt Kempten wolle die beiden hiesigen, großen Land-Kaminkehrbezirke links und rechts der Iller verteilen, bzw. die Neubildung eines dritten Kehrbezirks mit dem Sitz in Buchenberg beschließen." Er begründete seinen Antrag damit, dass nach § 5 Ziffer 1 der Verordnung vom 27. Februar 1869 „Regelung der Kaminkehrerverhältnisse betreffend" ein Kehrbezirk überall dann zu bilden sei, wenn der Geschäftsbetrieb in demselben dem Kaminkehrer ein genügendes Auskommen sichert. Mit Hilfe eines sogenannten Schwarzen Arbeitsbuches wies er nach, dass der Kehrbezirk, in dem er als Stellvertreter arbeitete, genug abwarf, um geteilt werden zu können. Am 6. Juli 1901 beschloss das Bezirksamt Kempten die Bildung eines neuen Kehrbezirks mit dem Hinweis, dass nach § 6 Abs. I der Verordnung vom 27. Februar 1869 die Bildung neuer und die Abänderung bestehender Kehrbezirke im Interesse der Feuerpolizei jederzeit erfolgen könne, ohne dass den beteiligten Kaminkehrern ... ein Einspruchsrecht oder ein Entschädigungsrecht zustehe. Die Bildung des neuen Kehrbezirks ging auf Kosten des Kehrbezirksinhabers Johann Linder, der von seinem Stellvertreter Schneider jährlich 3500 Mark erhielt und nun um den Erhalt seines Kehrbezirks (und seiner Einnahmen) kämpfte. Aufgerieben durch seine vergeblichen Interventionen stirbt Lindner am 15. Mai 1900. Noch in einem Schreiben vom 25. Januar 1900 hatte er dem Bezirksamt Kempten seine Einkommenssituation geschildert: „... überliefert mir mein Stellvertreter einen jährlichen Betrag von 3500 M, von demselben ich noch an Auslagen für Steuer, Umlagen, Brand- und Unfallversicherung etc. etc. nebst Doctor und Apotheker Rechnungen circa 500 M berechnen kann. Somit verbleibt mir zum Lebensunterhalte mit meiner sehr zahlreichen Familie mit sieben Kindern, welche alle noch der elterlichen Unterstützung bedürfen, ein Betrag von 3000 M ... Schließlich erlaube ich mir noch beizufügen, ich bin jetzt 72 Jahre alt und jetzt 41 Jahre Kaminkehrermeister ..."

a) Staatsarchiv Augsburg, Bezirksamt Kempten 117/9.
b) Regierungsblatt für das Königreich Bayern, 1869, S.289 f., und 295–298.
c) Staatsarchiv Augsburg, Amtsgericht Kempten, NA 73/1900.

31 Das (vorläufige) Ende der Feuerwehrvereine

1938 November 23

Gesetz über das Feuerlöschwesen (Reichsgesetzblatt 1938 I, S. 1662)

Wie in vielen anderen Bereichen brachte die Zeit des Dritten Reiches für die freiwilligen Feuerwehren eine radikale Zäsur. Kennzeichnend waren neben der Einbindung in den Luftschutz vor allem die Auflösung der Feuerwehrvereine und -verbände und ihre Umformung zu einer Hilfstruppe der Polizei. Da man hierfür eine gesetzliche Handhabe brauchte, wurde 1938 ein Reichsfeuerlöschgesetz erlassen.

An dem Gesetz fällt zunächst seine ungewöhnliche Kürze auf, umfasst es doch lediglich 8 Paragraphen. Zur Ausführung ergingen allerdings noch sieben Durchführungsverordnungen und zahlreiche ministerielle

Erlasse, wodurch alle Bereiche des Feuerschutzwesens bis in alle Einzelheiten geregelt wurden.

Die Aufstellung von freiwilligen bzw. Pflichtfeuerwehren sowie die Beschaffung und der Unterhalt der erforderlichen Bekleidung, Ausrüstung, Geräte usw. wird den Gemeinden übertragen. Wichtiger ist jedoch die in § 6 festgeschriebene Auflösung der Feuerwehrvereine und -verbände. An ihre Stelle tritt eine „nach Löscheinheiten gegliederte Hilfspolizeitruppe" – so die Formulierung im Gesetzestext. Konkret bedeutete dies die völlige Unterwerfung der Feuerwehren unter den von der SS beherrschten Polizeiapparat. Äußerlich war die Veränderung beispielsweise dadurch sichtbar, dass die Farbe der Feuerwehrfahrzeuge nun dunkelgrün und nicht mehr rot war.

Staatsarchiv Augsburg, Amtsbücherei.

32 Feuerwehrkommandant wird Untergebener des Bürgermeisters

1936 Februar 26

Verpflichtungserklärung des Führers der Freiwilligen Feuerwehr Ammerfeld über die Unterstellung unter den Ortspolizeiverwalter.

Nach einem Runderlass des Reichs- und Preußischen Ministeriums des Inneren vom 5. Februar 1936 durfte eine freiwillige Feuerwehr von der zuständigen Polizeiaufsichtsbehörde nur dann als öffentliche Feuerwehr anerkannt werden, wenn sie sich spätestens bis zum 1. März 1936 schriftlich verpflichtete, sich dem zuständigen Ortspolizeiverwalter – das war in der Regel der Bürgermeister – zu unterstellen.

Die Anerkennung als öffentliche Feuerwehr war Voraussetzung dafür, die polizeilichen Hoheitszeichen tragen und am Tag der deutschen Polizei teilnehmen zu dürfen.

Um das Verfahren zu vereinfachen, erhielten die Führer der freiwilligen Feuerwehren vom Landesbranddirektor über die Bezirksbrandinspektoren einen vorgefertigten Vordruck zugestellt, den sie nur zu unterschreiben brauchten.

Staatsarchiv Augsburg, BA Donauwörth n.S. 6664.

33 Die andere Seite: Hilfsarbeiter zündet Stadel an – drei Jahre Zuchthaus

a) 1939
Teilansicht des Anwesens des Bauern Albert F. in Au (Gemeinde Grönenbach, Bezirksamt Memmingen) (Originalfotografie).

b) 1939 März 22
Verschiedene Ansichten vom Anwesen nach dem Brand (Originalfotografien).

c) 1939
Aufgeschlagener Strafakt des Schwurgerichts beim Landgericht Memmingen.

Am Montag, dem 20. März 1939, brach gegen 9 Uhr im Anwesen des Erbhofbauern Albert F. in Au ein Brand aus. Das Wohnhaus konnte von der Feuerwehr zwar gerettet werden, aber der Stadel mit Rinder- und Pferdestall wurde bis auf die Umfassungsmauern eingeäschert. Neben dem größten Teil des landwirtschaftlichen Inventars und der Futtervorräte verbrannten auch ein Bulle und 40 Hühner. Der Gesamtschaden betrug ungefähr 50.000 Reichsmark.

Da ein technischer Defekt als Brandursache ausgeschlossen werden konnte, kam nur Brandstiftung in Frage. Der Verdacht richtete sich bald gegen den ledigen Stefan M., der sich seit 6. Februar 1939 bei dem Besitzer des Anwesens als Knecht verdingte. Zwischen dem Bauern und dem Hilfsarbeiter hatte es öfter Streitereien gegeben, da F. von dem vereinbarten Wochenlohn von 13 Reichsmark seit Ende Februar 1939 jeweils 3 Reichsmark mit der Begründung einbehielt, dass M. am Montag nicht aufstehe. M. hielt sich am Sonntag regelmäßig zum Kartenspielen im Wirtshaus auf und trank dabei solche Mengen an Alkohol, dass er am Montag „blau" machen musste.

Der Beschuldigte hatte im Vorverfahren bei der Kriminalpolizei Augsburg und vor dem ihn untersuchenden Arzt des staatlichen Gesundheitsamtes Memmingen ein Geständnis abgelegt, dieses aber später widerrufen. Bei der Hauptverhandlung vor der Strafkammer des Landgerichts Memmingen gelangte das Gericht zu der Überzeugung, dass das Geständnis richtig sei und der Angeklagte die Tat vorsätzlich begangen habe. Der Täter wurde wegen eines Verbrechens der schweren Brandstiftung nach § 306 Ziffer 2 des Strafgesetzbuches zu 3 Jahren

Zuchthaus verurteilt. Bei der Bemessung der Strafe wurde zugunsten des Angeklagten berücksichtigt, dass er noch nicht vorbestraft war und ihm nicht widerlegt werden konnte, dass ihm der Gedanke des Anzündens „plötzlich" gekommen sei. Erschwerend wirkte sich allerdings die Höhe des Schadens auf das Strafmaß aus.

a–c) Staatsarchiv Augsburg, Staatsanwaltschaft beim Landgericht Memmingen Ks 9/1939

34 „Die Schotten dicht?" – Feuerwehrleute kontrollieren Fensterläden

a) 1938 Januar 20
Anordnung des Bezirksamts Wertingen an alle Gemeinden zur Durchführung einer Verdunkelungsübung.

b) 1938 Februar 10
Bericht des Bürgermeisters des Marktes Biberbach (Bezirksamt Wertingen) an das Bezirksamt Wertingen über die angeordnete Verdunkelungsübung.

In der Nacht vom 25. auf den 26. Januar 1938 sollte im Zeitraum zwischen dem Einbruch der Dämmerung und 2 Uhr morgens – so die Weisung der Regierung von Schwaben und Neuburg – im Amtsbezirk Nördlingen eine Verdunkelungsübung stattfinden. Die Nachprüfung der Verdunkelung wurde den Bürgermeistern im Zusammenwirken mit den örtlichen Amtsträgern des Reichsluftschutzbundes übertragen. Vor Ort durchführen sollten die Kontrolle je zwei geeignete uniformierte Mitglieder der Feuerwehr, die zuvor über ihre Aufgabe eingehend zu unterrichten waren. Personen, die die Übung mangelhaft durchführten oder sich gänzlich weigerten, wurde mit Sanktionen gedroht.

Wie aus dem Bericht des Bürgermeisters von Biberbach hervorgeht, kontrollierte er selbst in Begleitung von drei Feuerwehrleuten Häuser, Wohnungen und Stallungen. Grundsätzlich sei zu bemängeln gewesen, dass die meisten Haushalte noch keineswegs über ständige Verdunkelungseinrichtungen verfügen. Aus den Fensterläden seien häufig Lichtstreifen und Lichtspalten zu sehen gewesen. Insbesondere in den Stallungen habe die Verdunkelung sehr zu wünschen übrig gelassen. Der Großteil der Leute habe sich vielfach dadurch beholfen, dass einfach kein Licht angezündet worden sei. Der Bürgermeister kommt zu dem

Schluss, dass bei der Bevölkerung noch erheblicher Aufklärungsbedarf bestehe.

a–b) Staatsarchiv Augsburg, BA Wertingen 3400.

35 Kampf gegen Brandbomben

1941

Flugblatt „Front gegen Feuer".
Herausgeber: Reichsluftfahrtministerium.

Bereits am 5. Juni 1940 flogen die Bomber der Royal Air Force einen der ersten Luftangriffe auf die Großstadt München. In der Nacht vom 12. auf den 13. Januar 1941 stießen britische Flugzeuge bis nach Süddeutschland und Garmisch-Partenkirchen vor. Bei einem Luftangriff alliierter Bomberverbände auf München am 28./29. August 1942 starben 144 Menschen.

Staatsarchiv Augsburg, BA Krumbach Abgabe 1986/676.

36 Neuer Wehrführer in Untrasried

1941 Januar 3

Vorschlag des Kreisführers der Freiwilligen Feuerwehr für den Landkreis Marktoberdorf an den Landrat über die Neubesetzung der Wehrführerstelle in Untrasried.

Da der bisherige Wehrführer – so bezeichnete man im Dritten Reich den Kommandanten – aus gesundheitlichen Gründen den Posten nicht mehr ausfüllen konnte, musste für die Gemeinde Untrasried ein neuer Führer bestellt werden.

Das Vorschlagsrecht bei der Ernennung von Wehrführern in kreisangehörigen Gemeinden lag beim Kreisführer, die Ernennung selbst erfolgte durch die untere Verwaltungsbehörde, also den Landrat. Die rechtliche Basis dafür war die Dritte Durchführungverordnung zum Reichsfeuerlöschgesetz vom 24. Oktober 1939, die speziell die Organisation der Freiwilligen Feuerwehren zum Gegenstand hatte. Insbesondere befasste sich diese Verordnung mit Personalfragen. Der nationalsozialistischen Ideologie entsprechend waren Juden vom Dienst in der Freiwilligen Feuerwehr ausgeschlossen.

Staatsarchiv Augsburg, BA Marktoberdorf Abgabe 1985/VII 255.

37 „Bienenschwarm eingefangen" – technische Hilfeleistung bei Feuerwehreinsätzen überwiegt heute

a) 1997–1998
Zahl der Einsätze der Kaufbeurer Feuerwehren vom 1. Januar 1997 bis 31. Dezember 1998 nach den Rubriken: Brand, Fehlalarm, Rettungsdiensteinsatz, Sicherheitswachen, Technische Hilfeleistung (Säulendiagramm in der Informationsschrift des Stadtfeuerwehrverbandes Kaufbeuren)

b) Bilder von verschiedenen Einsätzen der Kaufbeurer Feuerwehren. Aus dem dargestellten Diagramm wird deutlich, dass sich die Aufgabenschwerpunkte bei der Feuerwehr gegenüber früher verlagert haben – weniger Brandeinsätze, dafür mehr technische Hilfeleistung. Aus den 198 Einsätzen, die die Kaufbeurer Feuerwehr im Zeitraum vom 1. Januar 1997 bis 31. Dezember 1998 im Bereich der technischen Hilfeleistung durchzuführen hatte, geht die Vielfalt der heutigen Feuerwehrarbeit hervor:

Zahl	Art des Einsatzes
1	Beseitigung von losen Dachteilen
1	Beseitigung von auslaufendem Treibstoff aus Fahrzeugtank
24	Hilfeleistung an der Einsatzstelle nicht mehr erforderlich
43	Freiwillig übernommene Tätigkeiten nach dem BayFwG
3	Beseitigung von Mineralölen
8	Überschwemmung nach Gewittern oder Schneeschmelze
1	Einfangen eines Bienenschwarmes
26	Beseitigung von Ölspuren auf Fahrbahnen
55	Sonstige Hilfeleistungen
5	Behebung von Sturmschäden
3	Bergung von Tieren
1	Bergung von Personen aus stecken gebliebenem Aufzug
12	Rettung bei Unfällen mit Straßenfahrzeugen
1	Provisorischer Verschluss einer Schaufensterscheibe
4	Notfalltüröffnungen für den Rettungsdienst
10	Beseitigung von Wasserschäden nach Rohrbruch

Staatsarchiv Augsburg, Amtsbücherei.

V. Der Feuerwehrmann und das Feuerwehrhaus

38 Vorschriften des Bayerischen Landes-Feuerwehr-Verbands über die Einteilung der Feuerwehren und über Uniformierung und Ausrüstung

1908

2 Tafeln Beilage im Buntdruck mit Abbildung von Feuerwehrutensilien.

Staatsarchiv Augsburg, Amtsbücherei.

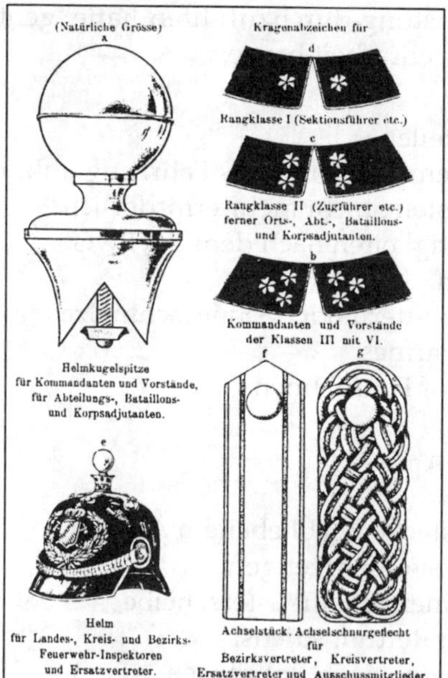

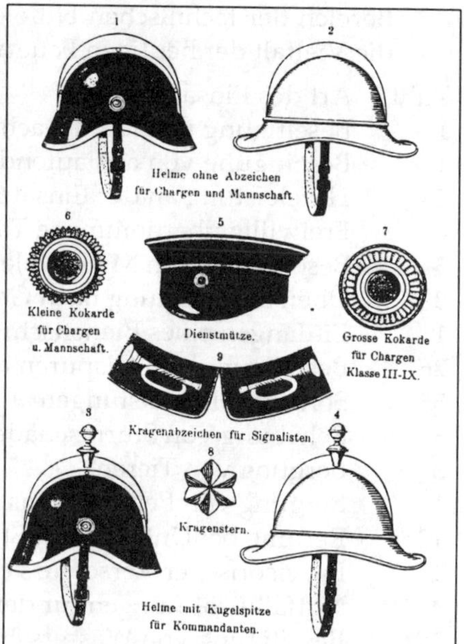

39 Feuerwehrhaus im alpenländischen Stil

1901 Juli

Bauplan zum Neubau eines Spritzen- und Feuerwehrrequisitenhauses für die Gemeinde Grünenbach (Bezirksamt Lindau).

Der vorliegende Bauplan besticht durch seine zeichnerische Genauigkeit, wie sie auf anderen Plänen dieser Art kaum vorkommt. Handelt es sich sonst meist um schmucklose Zeichnungen, so ist hier das Bemühen des Planfertigers Johann Georg Kist deutlich erkennbar, dem Betrachter ein möglichst reales Bild vor Augen zu führen. Dies gelingt Kist vor allem dadurch, dass er bei der Darstellung der beiden Gebäudeansichten Einzelheiten etwa der Fenstergestaltung und der Toreinfahrten detailliert wiedergibt.

Aus dem Grundriss ergibt sich klar die geplante Einteilung des Gebäudes. Auf der Nordseite sollen Leitern und Mannschaftswagen untergebracht werden, in der Mitte stehen die beiden Feuerspritzen, und auf der Südseite sind ein Geräteraum und ein Stellplatz für einen Totenwagen vorgesehen. Die Unterbringung eines Totenwagens in einem Feuerwehrhaus mag zunächst etwas seltsam anmuten. Bei genauerem Hinsehen erkennt man aber zum einen, dass der Raum für den Totenwagen durch Mauern von den übrigen Räumen abgetrennt ist und über eine eigene Ausfahrt verfügt. Zum anderen ergibt sich aus dem Lageplan, dass das Spritzenhaus unmittelbar an die Friedhofsmauer in der Nähe der Kirche angebaut werden sollte. Mit Sicherheit war also dieser Raum nicht für die Feuerwehr, sondern für den Totengräber vorgesehen.

Ob der Bauplan in dieser Form zur Ausführung gekommen ist, erscheint fraglich, hätte das neue Spritzenhaus die vorbeiführende Straße doch erheblich verengt.

Staatsarchiv Augsburg, BA Lindau 5314.

40 Schlauchtrockentürme als Kennzeichen der Gemeinde: Kirchtürme bekommen Gesellschaft

1942

„Der Bauberater". Merkblatt für landschaftsgebundenes Bauen. Das Feuerwehrgerätehaus (12. Jg., 1942 Juli–Dezember, Heft 4, 5 und 6).

Dr. Kuchtner, Oberbaurat beim Abschnittsinspekteur der Freiwilligen Feuerwehr für das Land Bayern, empfahl den Schlauchtrockenturm zur Pflege des Schlauchmaterials und wies gleichzeitig auf die Repräsentationsaufgabe des Feuerwehrhauses im Ortsbild hin: „Handelt es sich doch bei den neuzeitlichen Feuerwehrgeräten vielfach um sehr kostspielige Beschaffungen, die unter Umständen unersetzlich sind, wie z.B. die Feuerwehrschläuche jetzt im Kriege. Das Feuerwehrgerätehaus soll deshalb der Gerätepflege, besonders aber der Pflege des Schlauchmaterials Rechnung tragen ... Der Schlauchtrockenturm dient dazu, wie der Name sagt, nasse Schläuche, vor den Unbilden der Witterung geschützt, zu trocknen. Dazu müssen die Schläuche lotrecht hängen, damit das Wasser im Innern dieser wasserdichten Gefäße ablaufen kann. Daraus ergibt sich die Forderung, daß der Schlauchtrockenturm eine lichte Höhe gleich der Länge des Feuerwehrschlauches haben soll. Für kleinere Gerätehäuser muss man sich mit der halben Höhe begnügen. Der Schlauch wird dann in Form einer nach unten geöffneten Gabel aufgehängt ... Die Normvorschrift, die für den B-Schlauch eine Länge von 20 m bestimmt, ist deshalb unter dem Gesichtspunkt „Schönheit des Ortsbildes“ zu bedauern ... Über diese technischen Aufgaben hinaus hat das Feuerwehrgerätehaus heute aber mehr denn je noch die ideelle Aufgabe, der Hort des Geistes zu sein, der in der Feuerwehr herrscht. Das Gerätehaus muss deshalb, und sei es noch so klein, (repräsentativ) sein. Es muß eine Zierde des Ortes bilden, auf die jeder Bürger stolz ist, so daß er auch aus diesem Grunde gern der Feuerwehr dient oder ihr wenigstens die notwendige Achtung entgegenbringt“.

Staatsarchiv Augsburg, BA Nördlingen Abgabe 1977/A 589.

41 Schlauchtrockenturm in Oxenbronn

1942

Bauplan zur Errichtung eines neuen Feuerwehrgerätehauses mit Schlauchtrockenturm in Oxenbronn.

Am 9. August 1942 berichtete der Kreisführer der Freiwilligen Feuerwehr, Kreis Günzburg an den Landrat in Günzburg: „Das Feuerwehrgerätehaus in Oxenbronn ist in einem direkt baufälligen Zustand. An eine Instandsetzung ist nicht zu denken, da es viel zu klein und verkehrsstörend an der Durchfahrtsstraße steht. Die Motorspritze wird schon seit zwei Jahren in einem Schafstall untergestellt, die Schläuche wieder in einem andern Privatraum. Dieser Zustand ist nicht nur einsatzstörend bei Feuerausbruch, sondern auch mit Feuergefahr verbunden ..." Dieser Zustand wurde durch die Erbauung eines neuen, geräumigen Feuerwehrgerätehauses mit Schlauchtrockenturm beseitigt, in dem die Feuerlöschgeräte bereits im März 1944 untergebracht waren.

Staatsarchiv Augsburg, BA Günzburg 4714.

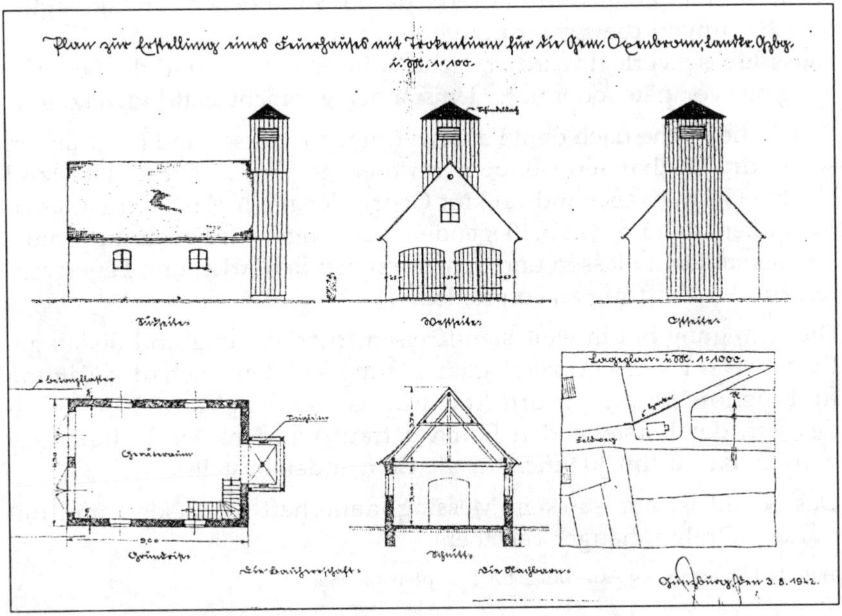

42 Wo ist der Schlüssel? Georg Voegeli schafft Ordnung!

1929

a) Metall-Musterschlüsselanhänger für Feuerwehrhausschlüssel.

b) Prospekt dieses Schlüsselanhängers mit Abbildung.

Der Feuerschutzverlag Ph.L. Jung in München schickte im Jahr 1929 dem Bezirksamt Kempten (Allgäu) einen von Kreisbranddirektor Georg Voegeli in Augsburg entworfenen Musterschlüsselanhänger für Schlüssel von Feuerwehrhäusern, da bei zahlreichen, unangesagten Besichtigungen die Erfahrung gemacht wurde, dass die Feuerwehrhausschlüssel verlegt wurden, nicht zu finden waren und die Besichtigung nur verspätet oder unter Umständen gar nicht stattfinden konnte.

Durch die Suche nach dem Feuerwehrhausschlüssel sind bei Bränden schon die kostbarsten Minuten verloren gegangen. Dieser Umstand brachte Herrn Kreisbranddirektor Georg Voegeli in Augsburg auf den Gedanken, den im Akt beiliegenden „Anhänger für Feuerhausschlüssel" herstellen zu lassen und denselben den Behörden und Feuerwehren zur Anschaffung zu empfehlen.

Die Anregung hat in weitesten Kreisen Anerkennung und Beifall gefunden. Der Feuerschutzverlag Ph. L. Jung, bei dem auch die „Zeitung für Feuerlöschwesen" gedruckt wurde, ist mit dem Vertrieb des Schildes von der herstellenden Firma betraut worden. Am 5. Juni 1929 wurden daraufhin 30 Stück für die Gemeinden bestellt.

Das Schild ist aus starkem Messing, dauerhaft rot lackiert und mit starkem Drahtanhänger versehen.

a) und b) Staatsarchiv Augsburg, BA Kempten 120/85.

VI. Die Entwicklung der Feuerwehrtechnik

43 Fünfzig Feuerspritzen und kein Ende

1759 Juni 24

Attestatum für Franz Kurtz, Meister der Feuerspritzenwerker in der Reichsstadt Reutlingen, mit technischer Beschreibung einer großen, von Pferden gezogenen Handdruckspritze.

Michael Kurtz der Jüngere, Zinn- und Glockengießer und städtischer Spritzenmeister in der Reichsstadt Reutlingen, gründete 1690 eine Werkstatt für Glockenguss und Spritzenbau. Unter seinem Sohn Johannes Kurtz, der in Belgien, Holland, Frankreich und Spanien als Geselle die Spritzenmacher- und Glockengießerkunst gründlich erlernte, nahm die Werkstatt einen raschen Aufschwung. 1803 verlegte Johann Heinrich Kurtz die Glockengießerei und die Feuerspritzen-Bauanstalt nach Stuttgart. Der Spritzenbau wurde bis ungefähr 1925, der Glockenguss bis zum Erlöschen der Firma im Jahre 1963 weitergeführt.

In diesem Attestat wurde Franz Kurtz bescheinigt, bereits über 50 Feuerspritzen gebaut zu haben.

Universitätsbibliothek Augsburg.

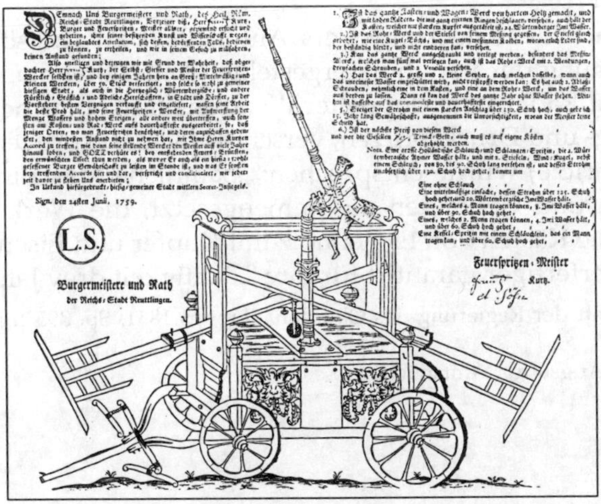

DEmnach Uns Burgermeistere und Rath, deß Heil. Röm. Reichs-Stadt Reuttlingen, Vorzeiger diß, Herr Franz Kurtz, Burger und Feuerspritzen-Meister allhier, geziemend ersucht und gebetten, ihme seiner besitzenden Kunst und Wissenschafft wegen, ein beglaubtes Attestatum, sich dessen, bedürffenden Falls, bedienen zu können, zu ertheilen, und wir in seinem Gesuch zu willfahren, keinen Anstand gefunden;

Also attestiren und bezeugen wir mit Grund der Wahrheit, daß obgedachter Herr Franz Kurtz, der Selbst-Giesser und Meister der Feuerspritzen-Wercker selbsten ist, und bey einigen Jahren hero an Groß- Mittelmäßig- und Kleinen Werckern, über 50. Stück verfertiget, und solche so wohl zu gemeiner hiesigen Stadt, als auch in die Herzoglich-Würtembergische- und andere Fürstlich-, Gräflich- und Adeliche Herrschafften, in Städt und Dörffer, zu der Vorstehere besten Vergnügen verkaufft und eingeliefert, massen seine Arbeit die beste Prob hält, und seine Feuerspritzen-Wercker, mit Aufwerffung der Menge Wassers und hohem Steigen, alle andere weit übertreffen, auch [illegible] am Kasten- und Rad-Werck aufs dauerhaffteste ausgearbeitet, so, daß jeniger Orten, wo man Feuerspritzen benöthiget, und deren anzuschaffen gedencket, den mindesten Anstand nicht zu nehmen hat, mit Ihme Herrn Kurtzen Accord zu treffen, wie dann seine stellende Wercker den Meister auff viele Jahre hinaus loben, und GOTT verhüte es! bey entstehenden Feuers-Brünsten, den erwünschten Effect thun werden, als weßwegen Er auch als ein hiesig-wohlgesessener Burger Gewährschafft zu leisten im Stande ist, und was Er sonsten bey treffenden Accords hier und dar, verspricht und conditioniert, wir jederzeit davor zu stehen Uns anerbieten;

In Urkund hiefürgedruckt- hiesig- gemeiner Stadt mittlern Secret-Insiegels.

Sign. den 24sten Junii, 1759.

(L.S.)

Burgermeistere und Rath
der Reichs-Stadt Reuttlingen.

1. Ist das gantze Kasten- und Wagen-Werck von hartem Holtz gemacht, und mit hohen Rädern, die mit gantz eisernen Ringen beschlagen, versehen, auch hält der Kasten, welcher mit starckem Kupfer ausgefüttert ist, 24. Würtemberger Imi Wasser.

2.) Ist das Rohr-Werck und der Stiefel von feinem Meßing gegossen, der Stiefel gleich arbeitet, wie eine Kugel-Büchs, und mit einem meßinnen Kolben, woran etlich Leder sind, der beständig bleibt, und nicht eintrocknen kan, versehen.

3.) Kan das gantze Werck ausgeschraubt und verlegt werden, besonders das Meßing-Werck, welches man fünf mal verlegen kan, auch ist das Rohr-Werck mit 2. Wendungen, dreyfachen Schrauben, und 2 Ventils versehen.

4.) Hat das Werck 2. grosse und 2. kleine Seyher, nach welchen dasselbe, wann auch das unreineste Wasser eingeschüttet wird, nicht verstopfft werden kan: Es hat auch 2. Ablaß-Schrauben, nehmlich eine in dem Kasten, und eine an dem Rohr-Werck, um das Wasser aus beeden zu lassen. Dann es kan das Werck das gantze Jahr ohne Wasser stehen. Mithin ist dasselbe auf das commodeste und dauerhaffteste eingerichtet.

5.) Steiget der Strohm mit einem starcken Anschlag über 130. Schuh hoch, auch gebe ich 15. Jahr lang Gewährschafft, ausgenommen die Unvorsichtigkeit, woran der Meister keine Schuld hat.

6.) Ist der nächste Preiß von diesem Werck
und vor die Gesellen [illegible] Trinck-Geld, auch muß es auf eigene Kösten abgehohlt werden.

Nota. Eine grosse Holländische Schlauch- und Schlangen-Spritzen, die 2. Würtembergische Aymer Wasser hält, und mit 2. Stiefeln, Wind-Kugel, nebst einem Schlauch, von 80. bis 90. Schuh lang versehen ist, und dessen Strohm unabsetzlich über 130. Schuh hoch gehet, kommt um

Eine ohne Schlauch

Eine mittelmäßige einfache, dessen Strohm über 125. Schuh hoch gehet, und 20. Würtembergische Imi Wasser hält.

Eines, welches 4. Mann tragen können, 8. Imi Wasser hält, und über 90. Schuh hoch gehet,

Eines, welches 2. Mann tragen können, 4. Imi Wasser hält, und über 60. Schuh hoch gehet,

Eine Kessel-Spritzen mit einem Schläuchlein, das ein Mann tragen kan, und über 60. Schuh hoch gehet,

Feuerspritzen-Meister
Franz Kurtz.

44 Krückenspritze neuerer Art

1831

Lithographie mit Abbildung einer „ Neueren Art von Krückenspritze, erreicht eine Höhe von 40 Schuh, im Wert von 30 Gulden".

Der Glockengießer und Löschmaschinenverfertiger Ignatz Beck in Augsburg übergab der Regierung des Oberdonaukreises Zeichnungen einer von ihm gefertigten Krückenspritze und anderer Löschmaschinen. Die Regierung hat durch Abbildung im Intelligenzblatt des Oberdonaukreises 1831 auf die „einfachen, minder kostspieligen und sehr zweckmäßigen, in der Anlage abgebildeten Krücken-Spritzen dieses Meisters aufmerksam gemacht, welche selbst wegen ihrer Zweckmäßigkeit und vorzüglichen Brauchbarkeit den polytechnischen Kreis-Verein bestimmten, dem Erfinder unterm 17. November 1825 ein Preis-Diplom zuzuerkennen ..."

Intelligenzblatt der Regierung des Oberdonaukreises 1831, Sp. 147 f. mit Beilage nach Sp. 1524.
Staatsarchiv Augsburg, Amtsbücherei.

45 Anton Bletls Spritzen-Werbung anno 1831

1831

Lithographie mit Abbildung der von Anton Bletl in Augsburg gefertigten Feuerspritzen.

Dem Gesuch des Glockengießers Anton Bletl zu Augsburg um Bekanntmachung der von ihm hergestellten Feuerlöschmaschinen (Maschinen auf Rädern mit doppelter Wendung, mit einfacher Wendung, große Saug- und Druckspritzen, verschiedene Tragspritzen sowie eine Krückenspritze) wurde entsprochen: „Sämtliche Maschinen sind mit Schrauben und Gewinden zusammengesetzt, die Werke selbst von Messing, die Kästen von Eichenholz mit Kupfer und Eisen beschlagen und der Verfertiger garantirt für ihre Tüchtigkeit drey Jahre lang ..."

Intelligenzblatt der Regierung des Oberdonaukreises 1831, Sp. 395 f. mit Abbildung nach Sp. 406.
Staatsarchiv Augsburg, Amtsbücherei.

46 Technische Not-Hilfe aus Augsburg für die verzweifelte Gemeinde Bidingen

1840

Lithographie von Benno Keller, Glockengießer in Kempten (Allgäu), mit Abbildung einer Handdruckspritze für die Gemeinde Bidingen zum Preis von 1000 Gulden.

Dem Gesuch der Gemeinde Bidingen um Erlaubnis zur Anschaffung einer neuen Feuerlöschmaschine wurde stattgegeben, weil es sich bei dem in Ob am 13. Januar 1836 und in Bertoldshofen vorgekommenen Brandunglück gezeigt hat, dass „... die Feuerlöschmaschine der großen Gemeinde Bidingen jene Kraft nicht mehr zu entwickeln vermöge, die im Moment der Gefahr zur Unterdrückung des Feuers erfordert werde ..." Nach Vernehmung der älteren Männer zu Bidingen brachte man in Erfahrung, dass die alte, im Jahr 1787 angefertigte Feuerlöschmaschine damals 500 Gulden gekostet hat. Benno Keller nahm die alte „total unbrauchbare vorhandene Feuerlöschmaschine" für 400 Gulden in Zahlung und versprach für seine mit kupferner Windkugel, starkem Wenderohr, 50 Schuh Hanfschlauch versehene und mit Wenderohr und Schlauch zugleich verwendbare Feuerspritze eine Garantie von 3 Jahren. Außerdem sagte er zu, dass der Wasserstrahl 110 bis 120 Schuh weit ginge.

Nach Auslieferung der Maschine zeigte sich bei einer Nachprobe jedoch, dass der Wasserstrahl auf die von dem Meister genannten 110 bis 120 Schuh Weite „... nicht mit Kraft Dienst leiste, und auch das Mundstück des Schlauches das Wasser nicht ununterbrochen auswerfe ..." Daraufhin wurde die Maschine nach Kempten (Allgäu) zur Reparatur gebracht und wieder zurückgeholt. Am 17. Juni 1842 schließlich begaben sich Benno Keller aus Kempten (Allgäu), der Spritzenmeister aus Oberdorf und der Kupferschmied Johann Beck aus Kaufbeuren als Sachverständiger zusammen mit dem Landrichter auf Tagfahrt nach Bidingen. Dort stellte man fest, dass die Strahlweite sogar bei gleichzeitiger Verwendung von Wenderohr und Schlauch 110 Schuh erreichte. Jedoch äußerten die Sachverständigen, dass die Vorrichtung des Druckwerkes nicht ganz zweckmäßig sei und eine zu bedeutende Manneskraft erfordert werde, „... indem zur aushaltenden Bewegung 16–20 Mann erforderlich seyen und daher oft in einer kleinen Gemeinde die nöthigen Kräfte zur Erreichung des Zweckes nicht vorhanden seyn ..." Man war sich einig, dass die Hebestangen zu beiden Seiten um einige Schuh verlängert werden müssten. Doch auch diese Reparatur führte nicht zu einem befriedigenden Ergebnis. Schließlich wusste sich die Gemeinde Bidingen keinen anderen Rat mehr, als am 11. August 1844 beim Magistrat der Stadt Augsburg nach einem geeigneten „Technischen Arbeiter" zu fragen. Am 25. Oktober 1844 verfertigte der Glokkengießer und Feuerlöschmaschinenfabrikant Ignaz Beck in Augsburg ein Schreiben an die Gemeinde Bidingen mit seinen Reparaturvorschlägen zum Umbau des Spritzendruckwerkes zum Preis von 290 Gulden. Danach würde der Spritzenstrahl mit einem leichten Druck eine Höhe von 100 Schuh erreichen. Als Garantiedauer nannte Ignaz Beck „wie gewöhnlich" 1 Jahr. Eine große Spritze mit einer Reichweite von 100 Schuh empfahl Ignaz Beck in seinem Schreiben nur für eine Stadt, in der es weder an Menschen, noch an Wasser mangelt.

Am 15. April 1845 schließlich fand im Hof des Ignaz Beck zu Augsburg in Gegenwart des städtischen Brunnenmeisters Joseph Jäger, des Spritzenmeisters Caspar Wagenseil aus Augsburg und Mitgliedern der Gemeinde Bidingen die entscheidende Spritzenprobe auf folgende Weise statt: Am Giebel des Wohnhauses des Ignaz Beck wurde eine ungefähr 40 Schuh hohe Stange mit einer Fahne aufgesteckt, so dass die Gesamthöhe des Hauses annähernd 100 Schuh betrug. Nach Inbetriebnahme der Feuerspritze mit 12 Mann zeigte sich, dass nicht nur 100 Schuh, sondern annähernd 120 Schuh Strahlweite erreicht wurden, „... ohne dass der Strahl seine gerade Richtung und seinen Zusammenhalt verlor ..." Alle angekündigten Verbesserungen fanden sich an der Spritze wieder und so konnten die Anwesenden nicht anders, als ihre „... vollkommene Zufriedenheit über die von Beck reparirte Spritze und den Effekt derselben aussprechen ..."

Staatsarchiv Augsburg, BA Marktoberdorf Abgabe 1985/VII 262.

47 Recycling hat seine Grenzen

1845

Lithographie (koloriert) mit Abbildung einer vierrädrigen Feuerspritze Nr. 5, die der Mechaniker Traugott Ertl und Sohn Georg in München für die Marktgemeinde Obergünzburg und die Landgemeinden Immenthal und Burg zum Preis von 1200 Gulden herstellten.

Die Gemeinde Obergünzburg brauchte im Jahr 1845 eine größere Feuerspritze und eine Wasserpumpmaschine oder Saugspritze mit Hanfschlauch. Zu letzterer sollte eine ältere, bereits vorhandene Spritze mit doppelten Messingröhren wenn möglich verwendet werden. Bereits vorhanden waren 2 Spritzen: eine größere Feuerspritze mit der Aufschrift „Im Jahre 1781 von dem Glockengießer Ernst in Memmingen angefertigt", die an den Rohren irreparabel beschädigt war; eine kleinere Feuerspritze, die im Jahr 1826 von dem Kupferschmied Wankmiller in Kempten (Allgäu) hergestellt wurde, war noch in brauchbarem Zustand, wobei notwendig war, „daß die Stiefel cylinderisch gemacht und neue lederne Kolben angefertigt werden ..."

Nach Besichtigung der Maschinen war der Mechaniker Traugott Ertl aus München der Meinung, eine Umwandlung in einen Wasserzubringer wäre mit unverhältnismäßig hohen Kosten verbunden. Er empfahl die Anschaffung einer neuen Feuerlöschmaschine nach beiliegender Abbildung, die zugleich als Zubringer verwendet werden konnte zum Preis von 1200 Gulden. Die Garantiezeit bei Ertl betrug 2 Jahre. Die unbrauchbare große Feuerspritze würde er nach dem Metallgewicht in Zahlung nehmen, falls die Gemeinde diese nicht öffentlich versteigern oder anderweitig verkaufen wollte. Schließlich fand am 13. September 1845 die Prüfung der von Mechaniker Ertl in München angefertigten neuen Feuerlöschmaschine statt, bei der lediglich am Wagen einige Details bemängelt wurden.

Staatsarchiv Augsburg, BA Marktoberdorf Abgabe 1985/VII 278.

48 Inzahlungnahme einer Gebrauchtspritze

1858

Lithographie mit Abbildung einer vierrädrigen Druckspritze („Löschmaschine älterer Bauart"), welche die Gemeinde Aitrang beim Spritzenmacher und Glockengießer Johannes Hermann in Memmingen um 1175 Gulden kaufte.

Bei der am 17. Januar 1858 stattgefundenen Gemeindeversammlung wurde festgestellt, dass die Gemeinde Aitrang einer Feuerlöschmaschine sehr bedürftig sei, weil schon allein das Dorf Aitrang 90 Häuser zählt und die Hälfte davon „noch nach alter Bauordnung in unregelmäßiger Bauart dargestellt ist, so das wenn uns eine Feuersbrunst treffen würde, bereits das ganze Dorf einäschern würde ... Da aber die

Gemeinde Aitrang im Jahre 1796 mit einem so verheerenden Elemente heimgesucht wurde und 48 Familien-Häuser hiedurch eingeäschert wurden, so ist wohl denkbar, das noch Familien, die damahls bloß mit dem Leben davon kammen, nicht in den Wohlstand versetzt sind, große Zahlungen leisten zu können ..."

Auf der gleichen Versammlung wurde beschlossen, dass nach Inaugenscheinnahme der Feuerlöschmaschine in Oberdorf nach derselben Konstruktion, nämlich ohne Saugvorrichtung, eine solche beschafft werden sollte. Im Kostenvoranschlag des Glockengießers Johann Hermann vom 1. Februar 1858 garantierte dieser die Haltbarkeit der Feuerlöschdruckspritze 2 volle Jahre und versprach, eine alte Löschmaschine der Gemeinde Aitrang für 225 Gulden in Zahlung zu nehmen. Aus dem Gewinnanteil der Münchener-Aachener-Mobiliarfeuerversicherungsgesellschaft bekam Aitrang 300 Gulden Unterstützung.

Staatsarchiv Augsburg, BA Marktoberdorf Abgabe 1985/VII 257.

49

49 Der Ort Ob macht Druck

1869

Lithographie mit Abbildung einer Druckspritze Lit. E ohne Transportwagen, die der Ort Ob (Gemeinde Bernbach) bei der Maschinenfabrik Johann Wilhelm Engelhardt in Fürth um 270 Gulden kaufte.

Laut Kostenvoranschlag brauchte diese Druckspritze 6 Personen zum Pumpen. Der Wasserkasten war aus Eisenblech mit mehrfachem Ölanstrich. Die Maschine konnte durch 4 Mann leicht getragen werden. Die Kosten sollten zur Hälfte durch Holzverkauf gedeckt werden.

Staatsarchiv Augsburg, BA Marktoberdorf Abgabe 1985/VII 260.

50 Mit Holz gegen Feuer

1868

Foto einer vierrädrigen „Landspritze“, welche die Gemeinde Bernbach bei der Feuerlöschmaschinen-Fabrik des Johannes Hermann in Memmingen um 550 Gulden kaufte.

In der Gemeindeversammlung am 18. Januar 1868 fassten die Gemeindemitglieder zu Bernbach den Beschluss zur Anschaffung einer neuen Feuerspritze. Durch Vertrag vom 20. Januar 1869 mit dem Feuerlöschmaschinenfabrikanten Karl Götzger, seit 1. Juli 1868 Inhaber der Glokkengießerei des Johannes Hermann zu Memmingen, kaufte die Gemeinde Bernbach eine neue Feuerlöschmaschine um 550 Gulden. Ein Teil der Kosten wurde durch Holzverkauf aufgebracht.

Staatsarchiv Augsburg, BA Marktoberdorf Abgabe 1985/VII 260.

51 Auch einem Glockengießer schlägt die letzte Stunde

1865 Januar 1

Testament des am 19. Mai 1868 in Memmingen verstorbenen Glockengießers und Feuerlöschmaschinenfabrikanten Johannes Hermann und seiner zweiten Ehefrau Auguste geb. Brandmüller.

Staatsarchiv Augsburg, AG Memmingen NA, V.V. 47/1868.

52 Ohne Fleiß kein Preis

1867

Preis-Courant von den Fabrikaten der Feuerlöschmaschinenfabrik und Glockengießerei des Johannes Hermann zu Memmingen.

Staatsarchiv Augsburg, BA Lindau 5320.

53 Löschzug für Ruderatshofen

1862

Lithographien mit Abbildungen einer vierrädrigen Feuerlösch-Fahrspritze und eines dazugehörenden Wasserzubringers mit Saugwerk des Glockengießers Theodor Wolfart in Kempten (Allgäu) für Ruderatshofen mit dem Kaufpreis von 1500 Gulden.

a) Feuerlöschfahrspritze, vierrädrig.

b) Wasserzubringer.

Am 30. März 1862 schloss die Gemeinde Ruderatshofen mit dem Glokkengießer und „bekannten Mechaniker“ Theodor Wolfart in Kempten (Allgäu) einen Vertrag über die Lieferung einer Feuerlöschmaschine mit separatem Wasserzubringer. Dabei wurde die von Theodor Wolfart bereits für die Gemeinde Lenzfried gebaute Feuerlöschmaschine als Muster genommen. Als Zylindergröße wurden 5 Zoll Durchmesser vereinbart bei 8 ½ Zoll Hubhöhe. Der Windkessel sollte mindestens ein Kubikfuß Wasser und Luft fassen können, der Wasserkasten ungefähr 400 Maß oder 15 Kubikfuß Wasser. Außerdem müssten 16 kräftige Männer „ohne Überanstrengung“ einen Strahl aus dem Wenderohr an der Spritze durch ein ½ Zoll-Mundstück auf 100 Fuß Höhe treiben und die Spritze 400 Maß Wasser pro Minute liefern können und das bei 90 einfachen oder 45 doppelten Hüben pro Minute. Das Wenderohr sollte nach allen Seiten leicht drehbar und an dessen Stelle auch die Schläuche anschraubbar sein, um auch mit 2 Schläuchen spritzen zu können. Im Lieferumfang enthalten sein sollten 2 Strahlrohre mit 4 verschiedenen Mundstücken und 100 Fuß ausgezeichnete Hanfschläuche in 3 Stücken, um gleichzeitig mit Wenderohr und Schlauch das Feuer angreifen zu können. Theodor Wolfart versprach außerdem, den Wasserkasten aus bestem Eichenholz anzufertigen und diesen mit Kupferblech auszukleiden. An Windkessel und Wasserkasten musste das

Wasser abgelassen werden können. Schließlich sollte die Feuerspritze so solide gebaut sein, „daß sie das Fahren in schärfstem Trappe aushält ..."

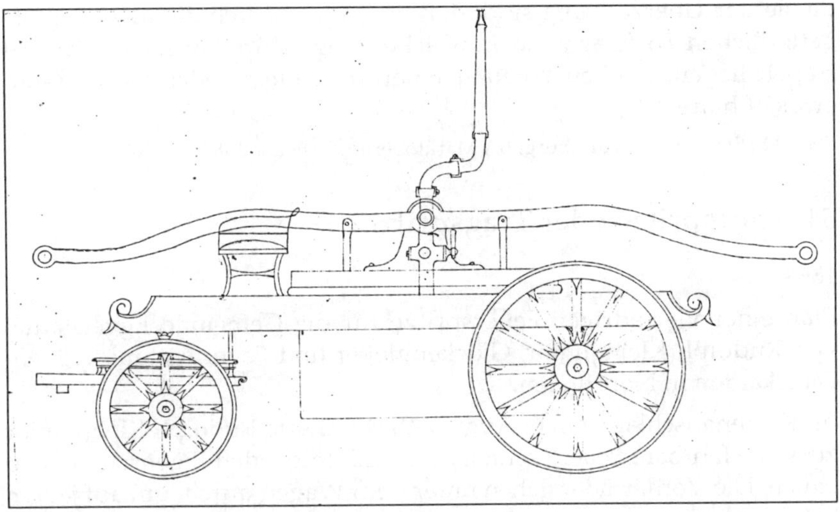

Zur Feuerspritze musste ein Saugwerk (Wasserzubringer) auf einem zweirädrigen Wagen gefertigt werden, das an die Feuerspritze angehängt werden konnte. Am Wasserplatz angekommen, sollte das Saugwerk vom Wagen herunterzuheben sein, um der Feuerspritze ungehindert Wasser zu liefern. Es war aber auch mit einem kupfernen Wasserkasten auszustatten, um „aus dem Kasten wie aus dem Bache spritzen zu können ..." Auf der angebauten Schlauchhaspel mussten 370 Fuß Hanfschläuche in 10 Stücken Platz finden können. Der Wasserzubringer sollte Einsaugschläuche aus Gummi mit starken Spiralfedern erhalten (2 Stück zu je 9 Fuß) mit dem daranzuschraubenden Wassersaugkopf. Zum Abschluss versprach Theodor Wolfart, beide Maschinen, ohne das Eisenwerk, mit guter Silberfarbe anzustreichen.
Theodor Wolfart bot für seine nach diesem sehr detaillierten Vertrag angefertigten Maschinen eine Garantie von 5 Jahren. Die Übergabe der beiden neuen Maschinen fand in Gegenwart eines sachverständigen Zimmerermeisters Xaver Schmid aus Oberdorf am 26. Januar 1863 statt. Die Maschinen wurden als solide konstruiert bewertet, vor allem hatte der Sachverständige „noch keine besser construirten Schläuche gesehen ..."

Ein massives Spritzenhaus zur Aufbewahrung der Maschinen musste jedoch für 200 Gulden in der Mitte des Ortes erst noch gebaut werden, „doch sind alle Gemeindeglieder gerne zu den größten Opfern bereit, da sie der Überzeugung sind, daß besonders durch die im Bahnhofe befindlichen Torfmagazine, in welchen ungeheure Torfmassen aufgestapelt liegen, die Feuersgefahr einen besonders bedenklichen Grad erreicht hatte ..."

a) und b) Staatsarchiv Augsburg, BA Marktoberdorf Abgabe 1985/VII 285

54 Fahrspritze oder Tragspritze?

1864

Plan einer vierrädrigen Feuerspritze für die Gemeinde Eggelstetten von Rudolph Klein junior, Glockengießer und Feuerlöschmaschinen-Fabrikanten in Nördlingen.

Im Kostenanschlag vom 6. August 1864 sicherte Rudolph Klein junior zu, seine fahrbare Feuerlöschmaschine mit folgenden Eigenschaften zu bauen: Die Vorderräder gehen unter dem Wagen durch, um auf jedem beliebigen Platz wenden zu können; die Räder werden mit Schmierdekkeln gegen Verschmutzung geschützt; der Wasserkasten ist aus verbleitem Eisenblech gefüttert und mit guter Ölfarbe angestrichen; der kupferne Windkessel sorgt für unausgesetzten Wasserstrahl auf 100 Fuß; ein Standrohr mit Hahn wird montiert, an dem man den Schlauch anschrauben kann, sowie ein Wenderohr zum Anschrauben des Mundstücks; eine Vorrichtung erlaubt das Wasserablassen im Winter aus dem Windkessel und den beiden Zylindern mit Messingkolben, „ohne daß man in das im Kasten befindliche Wasser langen muß ..."

Als Zubehör sollten u.a. 100 Fuß Hanfschläuche in 4 Stücken mit Messingverschraubungen geliefert werden. Der Preis war auf 500 Gulden angesetzt, die Garantiedauer 3 Jahre.

Obwohl das Bezirksamt Donauwörth der Gemeinde Eggelstetten die Anschaffung der fahrbaren Feuerspritze empfahl, entschied sich die Gemeinde Eggelstetten für die Anschaffung einer Tragspritze des gleichen Herstellers zum Preis von 150 Gulden, die aus der Schafweideablösungssumme der Gemeinde Oberndorf gezahlt werden sollten.

Staatsarchiv Augsburg, BA Donauwörth n.S. 2691.

55 Der unbekannte Glockengießer Riedle aus Ulm macht gegen den prominenten Wieland in der Stadt Leipheim das Rennen

a) um 1845
Preisliste mit Abbildungen über Fahr-Feuerspritzen und Flüssigkeitsleiter des Philip Jakob Wieland in Ulm.

b) 1863
Briefkopf des Philip Jakob Wieland in Ulm.

c) 1863
Kostenüberschlag des L. Riedle.

Der Magistrat der Stadt Leipheim hat sich aufgrund der „in jüngster Zeit dahier stattgefundenen Feuersbrünsten ..." entschlossen, zu den bereits vorhandenen Feuerlöschmaschinen einen Wasserzubringer anzuschaffen, „indem es bei bedeutenderen Feuersbrünsten meistens vorkommt, daß die hiesigen Brunnen und sonstigen Wasser-Behälter das erforderliche Wasser auf dem gewöhnlichen Wege nicht bieten ..." Mit Schreiben vom 14. April 1863 wurde auch gleich ein Kostenvoranschlag des Glockengießers L. Riedle in Ulm vom 11. Februar 1863 mit der Preisangabe von 1110 Gulden an das Bezirksamt Günzburg geschickt. Danach bestand die Maschine unter anderem aus 6 Zoll starken Zylindern, einer starken, kupfernen „Windblase" und 2 Saugschläuchen aus „Gutta-Percha" in zwei Teilen zu je 4 bis 4 ½ Fuß Länge mit Messingschraubbüchsen nebst einem kupfernen Seiher.

Das Bezirksamt Günzburg bat daraufhin die Baubehörde Günzburg um Prüfung dieses Kostenvoranschlages mit dem Ergebnis, dass der Kostenanschlag des Glockengießers Riedle in Ulm als ziemlich hoch befunden wurde und „derselbe bezüglich seiner Leistungen bei Anfertigung von Feuerlöschmaschinen der ergebenst unterzeichneten Baubehörde gar nicht bekannt ist ..." Daraufhin ließ die Baubehörde Günzburg „durch den Fabrikanten P. Wieland in Ulm, dessen Etablissement in jeder Beziehung als höchst solid und durch vollkommen tüchtige, meisterhafte Arbeit hinlänglich bekannt ist, was die anliegenden Zeugnisse gleichfalls dartun ...", zwei Konkurrenzangebote über einen tragbaren (500 Gulden zuzüglich Zubehör) und einen fahrbaren (750 Gulden zuzüglich Zubehör) Hydrophor einholen.

Davon ließ sich der Magistrat der Stadt Leipheim nicht beeindrucken, sondern legte einen genauen Kostenvergleich vor, bei dem das Angebot 2 des Philip Wieland in Ulm auf insgesamt 1180 Gulden zu stehen kam und damit 70 Gulden teuerer lag als das des Glockengießers Riedle aus Ulm, dessen am 24. Oktober 1847 um 800 Gulden an die Stadt Ulm gelieferter Wasserzubringer vom dortigen Stadtbaumeister Thrän laut Auszug aus dem Ratsprotokoll „als ein ausgezeichnet schönes, solides und zweckmäßiges Werk ..." bezeichnet wurde. Außerdem leistete Riedle volle 6 Jahre Garantie, während sein Mitbewerber Wieland nur 3 Jahre anbot. So fasste der Stadtmagistrat Leipheim am 27. Februar 1863 den Entschluss, den Wasserzubringer bei Riedle zu kaufen.

Staatsarchiv Augsburg:
a) BA Marktoberdorf Abgabe 1985/VII 262.
b) BA Günzburg 4695.
c) BA Günzburg 4695.

56 Sechzig Fuß Schlauchlänge für Großkissendorf

1858

Lithographie mit Abbildung verschiedener Spritzengattungen, gefertigt von Johann Niederwieser in Augsburg, als Angebot für die Gemeinden Großkissendorf, Kleinkissendorf, Schneckenhofen und Silheim.

Abgebildet sind folgende Spritzengattungen: Krückenspritze, tragbare Spritze, Abprotzspritze auf vierrädrigem Wagen sowie fahrbare Spritze auf vierrädrigem Wagen.

Die Gemeinden Groß- und Kleinkissendorf, Schneckenhofen und Silheim beschlossen in einer am 22. August 1858 unter Leitung des Landrichters Braun aus Günzburg abgehaltenen Versammlung, eine fahrbare Feuerspritze mit 5-zölligem Zylinder und einem 60 Fuß langen Schlauche im Anschlag zu 625 Gulden von Johann Niederwieser in Augsburg zu kaufen und in Großkissendorf in einem neu zu erbauenden Spritzenhaus aufzustellen, dessen Errichtung auf 165 Gulden zu stehen kam.

Die Bedienung der in Großkissendorf aufgestellten Feuerspritze wurde dem jeweiligen Schmiedemeister zu Großkissendorf übertragen. Die Gemeinde Großkissendorf übernahm die Verpflichtung, die Feuerspritze durch ihre mit Pferden versehenen Bewohner nach dem Turnus bei jedem Brandfall an Ort und Stelle zu bringen.

Staatsarchiv Augsburg, BA Günzburg 1523.

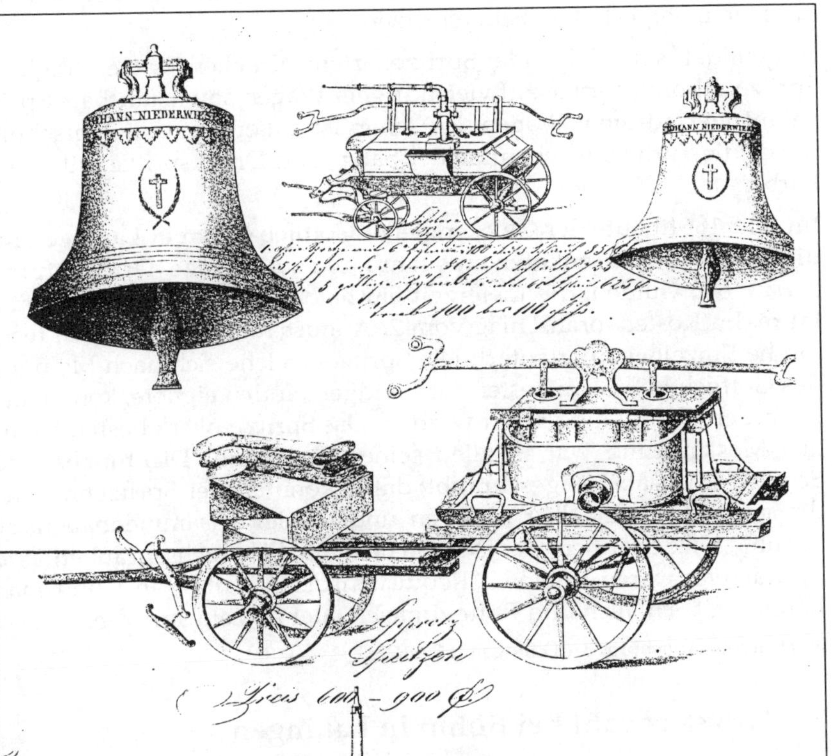

57 Niederländer in Deisenhofen

1861

Lithographie mit Abbildung der von Gottlieb Böhm, Glockengießer in Lauingen, hergestellten Feuerspritzen.

Abgebildet sind folgende Spritzenarten: Krückenspritze, tragbare Spritze, Abprotzspritze auf vierrädrigem Wagen sowie fahrbare Spritze auf vierrädrigem Wagen. Zu sehen ist außerdem ein Querschnitt durch die Spritzenmechanik einer Saug- und Druckspritze mit Saugkorb.

Im Jahr 1861 baute der Glockengießer Gottlieb Böhm in Lauingen für die Gemeinde Deisenhofen eine fahrbare Feuerspritze. Der Kaufpreis betrug 600 Gulden, die Lieferzeit ein halbes Jahr, die Garantiezeit 5 Jahre. Im Kostenvoranschlag vom 2. August 1861 wurden auch technische Einzelheiten erläutert: Die Spritze, welche sich nach Meinung des Gottlieb Böhm am besten für Landgemeinden eignete, konnte mit 2 Pferden überall hingeführt werden. Das Spritzenwerk bestand ganz aus Messing und war in allen seinen Teilen mit Dichtungen und Schrauben zusammengeschraubt; daher konnte jeder Spritzenmeister die ganze Spritze selbst zerlegen und wieder zusammenbauen. 50 Schuh „Niederländer Hanfschläuche" mit Schlauchschrauben und Mundstück waren in einem Requisitenkasten aufbewahrt und man konnte mit Schlauch und Rohr zugleich oder einzeln spritzen.

Staatsarchiv Augsburg, BA Dillingen n.S. 3177c.

58 Großauswahl bei Böhm in Lauingen

um 1870

Lithographie mit Abbildung von Saug- und Druckspritzen des Glokkengießers Gottlieb Böhm in Lauingen mit angeklebter Erklärung.

Die Abbildungen zeigen folgende Spritzenarten: Landspritze mit Kupferkasten, Saug- und Stadtspritze zum Abprotzen mit Kupferkasten, Saugspritze für Stadt- und Landgemeinden mit Kupferkasten, Landspritze mit Holzkasten und Kupfer ausbeschlagen, tragbare Feuerspritze mit zwei Cylindern, einfache Tragspritzen für Private.

Lediglich die einfache Tragspritze hatte einen Zylinder, alle anderen Spritzen waren mit zwei Zylindern ausgestattet. Der Durchmesser der

Zylinder reichte von 3 bis 6 Zoll. Die Leistungsfähigkeit betrug bei den Modellen Figur 1 bis 4 zwischen 10 und 16 Kubikfuß Wasser pro Minute. Die Reichweite lag zwischen 60 und 120 Fuß. Die Preise bewegten sich zwischen 44 und 1050 Gulden.

Staatsarchiv Augsburg, BA Dillingen n.S. 3177c.

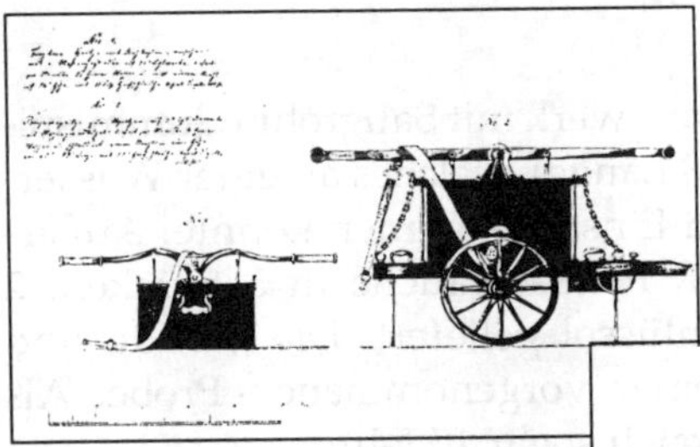

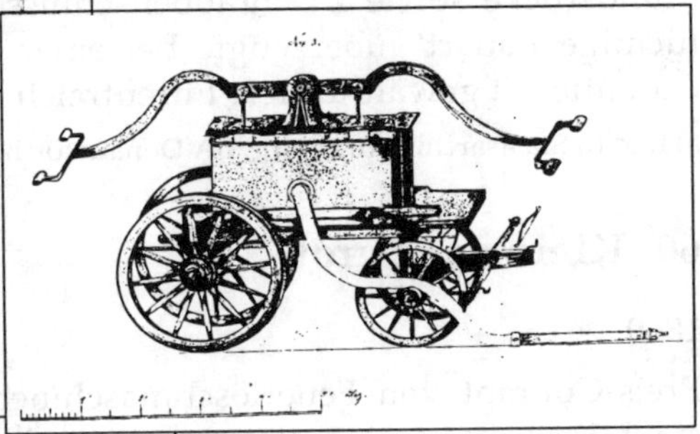

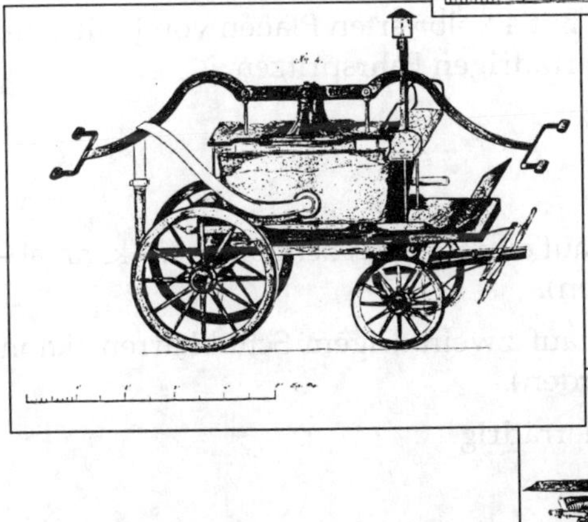

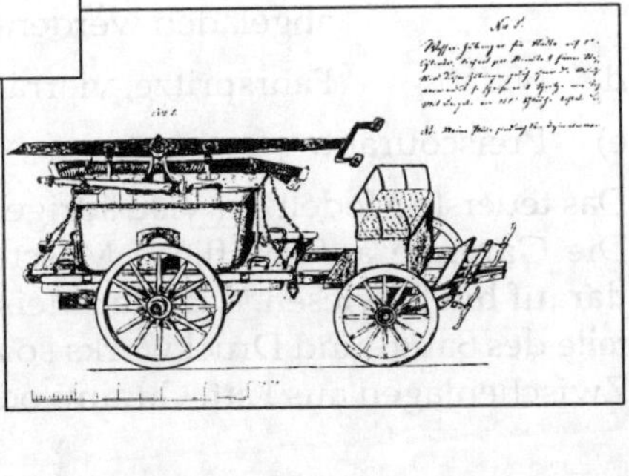

59 Wolferstadt kauft bei Ehrentreich

1865 Juni 11

a) Foto einer von dem Kupferschmied Johann Georg Ehrentreich in Donauwörth an die Gemeinde Wolferstadt gelieferten Feuerlöschmaschine mit Saugwerk um den Kaufpreis von 650 Gulden.

b) Kaufcontract.

Die Feuerspritze verfügte über ein Saugwerk mit Saugrohr (Gummispiralschlauch mit Kupferrohr in 14 Fuß Länge), welches an einer Wasserstelle oder einem Brunnentrog zum Einsatz kommen konnte. Außerdem wurden als Zubehör 200 Fuß Hanfschläuche in 5 Stücken, 2 Mundstücke sowie 2 Schraubenschlüssel geliefert. Die „solide und tüchtige Bauart" überzeugte bei einer vorgenommenen Probe. Als Garantiezeit gewährte Herr Ehrentreich sogar 10 Jahre.

a) und b) Staatsarchiv Augsburg, BA Donauwörth n.S. 2692.

60 Klein ganz groß

1869

Preis-Courant von Feuerlöschmaschinen der Glockengießerei Christoph Karl Klein in Nördlingen mit 4 kolorierten Plänen von Krücken-, Butten-, Trag-, Karren- und vierrädrigen Fahrspritzen.

a) Nr. I: Krückenspritze.
   Nr. II Buttenspritze.
   Nr. III: Tragspritze.

b) Nr. IV: Karrenspritze auf einrädrigem Schubkarren (kann abgeladen werden).

c) Nr. V: Karrenspritze auf zweirädrigem Schubkarren (kann abgeladen werden).

d) Nr. VI: Fahrspritze, vierrädrig.

e) Preiscourant.

Das teuerste Modell der vierrädrigen Fahrspritze kostete 1100 Gulden. Die Garantie auf sämtliche Maschinen betrug drei Jahre. Es wurde darauf hin gewiesen, dass der Meister an allen Maschinen die Metallteile des Saug- und Druckwerks so aufeinander geschliffen hatte, dass Zwischenlagen aus Kitt, Gummi oder Filz unnötig waren. Die Kolben waren aus Messing gegossen und in die Zylinder geschliffen. Die Maschinen konnten nach Angabe von Herrn Klein leicht auseinander genommen und gereinigt werden.

a)–e) Staatsarchiv Augsburg, BA Dillingen n.S. 3177c.

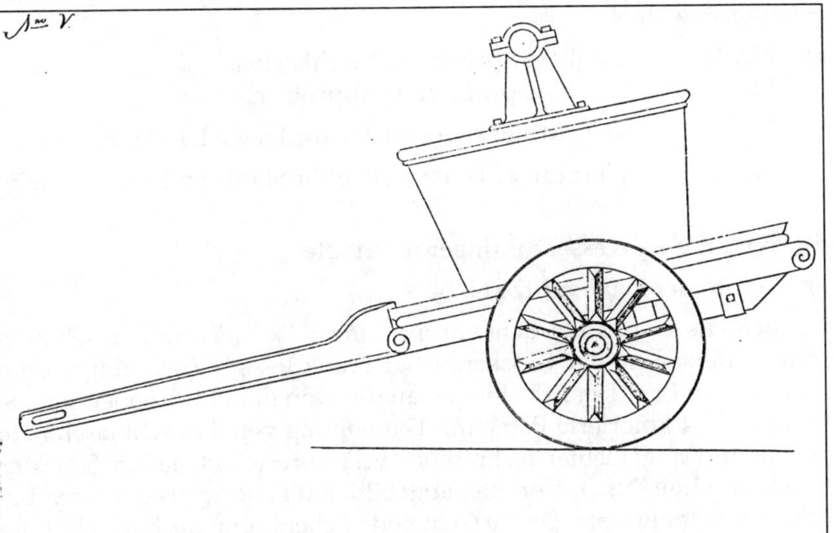

61 Echenbrunn ist unentschlossen

1870

Vier kolorierte Pläne mit Darstellung von 5 Feuerlöschmaschinen des Glockengießers Franz Joseph Zoeschinger in Lauingen mit 1 Foto der Feuerspritze Nr. 4.

a) Nr. 1: Tragbare Spritze mit Blechkasten.
   Nr. 2: Pompierspritze zum Abprotzen.

b) Nr. 3: Vierrädrige Feuerspritze für kleine Landgemeinden.

c) Nr. 4: Vierrädrige Feuerspritze für Stadt- und Landgemeinden.

d) Nr. 5: Wasserzubringer für Städte.

e) 1 Foto der Feuerspritze Nr. 4.

Da sich die Gemeinde Echenbrunn eine Löschmaschine anschaffen sollte, übersandte der Glockengießer Franz Joseph Zoeschinger dem zuständigen Bezirksamt Dillingen an der Donau mit Schreiben vom 8. März 1870 4 kolorierte Pläne mit Darstellung von 5 Löschmaschinen, jeweils mit angeklebter technischer Erläuterung, sowie ein Foto der Löschmaschine Nr. 4. Von den abgebildeten Feuerspritzen waren bereits einige im Einsatz. Da die Gemeinde Echenbrunn noch unschlüssig war, wofür sie sich entscheiden sollte, empfahl Franz Joseph Zoeschinger dem Bezirksamtmann Georg Girisch zu Dillingen an der Donau in seinem Begleitschreiben vom 8. März 1870, der Gemeinde Echenbrunn zu Nr. 3 zu raten.

a–e) Staatsarchiv Augsburg, BA Dillingen n.S. 3177c.

62 Einkaufsparadies für Feuerwehren

Preisliste der Spritzen- und Feuerwehr-Requisitenfabrik des Conrad Dietrich Magirus in Ulm.

1874

Staatsarchiv Augsburg, BA Dillingen n.S. 3177c.

63 Kuppelei erwünscht

1874

Abbildung des Normalgewindes für die Feuerwehrschläuche und die Feuerlöschmaschinen in Bayern.

Die Entschließung des Bayerischen Staatsministeriums des Innern vom 30. Januar 1874 verfügte die Einführung des Metz'schen Normalgewindes für Feuerspritzenschläuche und Löschmaschinen in Bayern.

„Die Wichtigkeit eines gleichen Schlauchgewindes, welches ermöglicht, daß bei größern Feuersbrünsten viele Löschmannschaften zusammenarbeiten und ihre Schläuche in Verbindung setzen, ist so allgemein anerkannt, daß es nicht nöthig erscheint, den Nutzen einer solchen Einrichtung näher darzulegen ... wird daher sämmtlichen unmittelbaren Stadtmagistraten auf das Dringendste empfohlen, bei Neuanschaffung von Löschmaschinen dafür Sorge zu tragen, daß die Spritzenschläuche nur mit dem obenerwähnten Normalgewinde versehen werden, für bereits im Gebrauch befindliche Löschmaschinen aber, deren Schläuche noch nicht das Normalgewinde haben, sogenannte Kuppelstücke mit dem Normalgewinde anzuschaffen, wodurch es ermöglicht wird, die Schläuche der verschiedenen Gemeinden mit einander zu verbinden ..." (Vgl. Bekanntmachung der Regierung von Schwaben und Neuburg, Kammer des Innern, vom 9. April 1874 im Kreisamtsblatt von Schwaben und Neuburg).

Die im Weg der Autographie vervielfältigte Zeichnung des Normalgewindes wurde über die Regierungen an die Feuerwehren in den Gemeinden verteilt. Jedoch der mit der Einführung eines Normalgewindes beabsichtigte Zweck konnte nur zum Teil erreicht werden, da die Normalgewinde verschiedenartig gefertigt wurden und Gewinde, welche von einzelnen Feuerwehren als Normale angeschafft waren, auf Normalgewinde anderer Feuerwehren nicht passten. Zur einheitlichen Gestaltung des Bayerischen Normalgewindes beschloss der Bayerische Landes-Feuerwehr-Ausschuss, „Mustergewinde nebst Maßschablonen" zu beschaffen und an die Distriktspolizeibehörden zu übergeben, um eine genaue Prüfung der Gewinde der vorhandenen Löschmaschinen und Schläuche sowie eine Auswechslung der fehlerhaften Gewinde zu ermöglichen. Daher wurden nach Entschließung des Bayerischen Staatsministeriums des Innern vom 2. April 1889 über die „Prüfung und Richtigstellung der Normal-Spritzengewinde" den Bezirksämtern vom Bayerischen Landes-Feuerwehr-Ausschuss Folgendes zugeschickt: 1 Muster-Schlauchgewinde aus Rotmetall in einer Ledertasche, 1 Satz (5 Stück) Maßschablonen in einem Täschchen, gedruckte Anleitung zur Vornahme der Gewindeprüfungen.

Die Schlauchkupplung mit gleichen Hälften, die sich Guido Storz in Konstanz 1882 patentieren ließ („Storz-Kupplung"), setzte sich erst allmählich in der 1. Hälfte des 20. Jahrhunderts in Bayern durch.

Staatsarchiv Augsburg, BA Kempten 120/1.

64 Qualitätsarbeit aus Kranzegg

1878 August 1

Zeugnis für den Feuerlöschmaschinen-Fabrikanten und Mechaniker Ludwig Müller zu Kranzegg nach der Lieferung einer Feuerspritze mit Saugwerk an die Gemeinde Unterjoch.

Die Gemeindeverwaltung und das Feuerwehrkommando zu Unterjoch stellten dem Löschmaschinen-Fabrikanten Ludwig Müller, der am 21. Mai 1878 an die Gemeinde Unterjoch eine Saug- und Druckspritze geliefert hatte, am 1. August 1878 ein Zeugnis aus, nachdem die Maschine bei einer Übung der Freiwilligen Feuerwehr Unterjoch getestet wurde. Sie bescheinigten u.a., dass „bei einer Übung der freiwilligen Feuerwehr dahier, der Feuerwehr-Hauptmann Johann Mark aus der Fabrik in Wattens bei Hall in Tirol anwesend war, welcher als Fachkenner sich folgendermassen aussprach: Diese Maschine lässt bezügl. ihrer soliden und dauerhaften Bauart, sowie ihrer Leistungsfähigkeit nichts zu wünschen übrig. Auch besonders darf euch freuen und von Nutzen sein, die leichte Handlichkeit der Ventile, welche bei einer allenfallsigen Verschleimung in einer Minute wieder in Stand gesetzt sind. Ich gratuliere euch zu dieser Maschine, dem Meister rufe ich als unbekannt zu: „Das Werk lobt den Meister". Wir können daher Herrn Ludwig Müller allen Gemeinden bei Anschaffung neuer Saugspritzen als pünktlich, reell u. richtigkeitsgemäß rekomandiren. Unterjoch, den 1. August 1878".

Bei dem im Zeugnis genannten „Prüfungsnormale" ist das „Normale für die Beschaffenheit und die Leistungen von Fahrfeuerspritzen mit einer Cylinderweite von 100 mm und darüber" gemeint, welches in der bayerischen Innenministerialentschließung vom 10. April 1876, „die Prüfung von Fahrfeuerspritzen betreffend“, veröffentlicht wurde.

Staatsarchiv Augsburg, Gemeindedepot Unterjoch [BA Sonthofen] 6.

65 Dampfspritzen nur für Großstädte

1892

Katalog (mit Abbildungen) sowie Beschreibung der Dampf-Feuerspritze der Feuerlöschmaschinen- und Metallgusswarenfabrik, Glocken- und Eisengießerei Justus Christian Braun in Nürnberg.

Justus Christian Braun verschickte mit Schreiben vom 15. Oktober 1892 seinen Katalog-Prospekt an das Bezirksamt Dillingen an der Donau mit dem Hinweis, „daß ich die Fabrication von Löschmaschinen nunmehr auch auf den Bau von Dampffeuerspritzen ausgedehnt habe. Ich bin dabei von der Absicht geleitet worden, die Verwendung von Dampffeuerspritzen auch für kleinere Orte und Gemeindeverbände möglich zu machen, weshalb ich in erster Linie eine Maschine construirte, die thunlichst leicht an Gewicht, auch auf gewöhnlichen Wegen transportirt werden kann, zur Bedienung keine besonderen technischen Kenntnisse erfordert und im Preise keine unerschwingliche Last aufbürdet ...“

Der Preis dieser Dampfspritze betrug die stolze Summe von 4000 Mark. Auch aufgrund des Gewichts und der aufwendigen Bedienung war sie für kleine Gemeinden mit schlechten Straßenverhältnissen ungeeignet.

Staatsarchiv Augsburg, BA Dillingen n.S. 3177c.

66 Erfinder Franz Blümle in Eggelstetten

1925

a) Technische Zeichnungen (Blaupausen) über die Erfindung einer Saugschlauchklemme (Flansch) für Feuerlöschzwecke zum Anschluss des Saugschlauchs einer Feuerlöschmaschine an vorhandene Handpumpbrunnen (Schlagbrunnen) zur schnellen Löschwasserversorgung auf dem Land durch den Landwirt Franz Blümle in Eggelstetten in Zusammenarbeit mit dem Schmiedemeister Hubert Klein in Oberndorf am Lech.

b) Technische Beschreibung und Beurteilung der Erfindung.

Die Erfindung wurde in Anwesenheit des Kreisbranddirektors Georg Voegeli am 13. September 1925 getestet und für brauchbar erachtet: „Gerade die Einfachheit des Gedankens und seine ausserordentliche leichte und billige Durchführbarkeit verleiht der Idee des Herrn Blümle ihren grossen praktischen Wert ..." Zum Zeitpunkt der Vorführung hatten bereits die Feuerwehren von Asbach, Auchsesheim, Eggelstetten, Ellgau, Hamlar, Nordendorf und Oberndorf am Lech Blümles Saugschlauchklemme in ihrer Ausrüstung.

Blümle war erfahrener Praktiker (über 50 Jahre im Dienst der Freiwilligen Feuerwehr Eggelstetten) und stellte seine Erfindung „selbstlos in den Dienst des Vaterlandes" ohne eine Patentanmeldung. Die Gemeinden wurden dadurch auch von den Kosten der Hydrantenaufstellung entlastet.

a) und b) Staatsarchiv Augsburg, BA Donauwörth n.S. 9870.

67 Opel holt die Kohlen aus dem Feuer

1930

Foto eines im Jahr 1930 an die Freiwillige Feuerwehr in Krugzell gelieferten Opel-Feuerwehr-Mannschaftswagens mit Rechnung.

Laut Sitzungsprotokoll des Gemeinderats Krugzell vom 13. Juli 1930 wurde beschlossen, einen Transportwagen für Motorspritze und Mannschaft anzuschaffen. Am 22. Juli 1930 wurde von der mechanischen Werkstätte Adam Mayer in Burg ein Feuerwehrmannschaftswagen Fabrikat „Opel" mit 17 Sitzplätzen, Anhängevorrichtung für die Motorspritze, Boschlichtanlage mit Sucherlampe sowie mit 2 Schlauch-, 1 Werkzeug- und 1 Sanitätskasten zum Preis von 1500 Reichsmark an die Freiwillige Feuerwehr Krugzell geliefert. Bezirksfeuerwehrvertreter Adolf Ott urteilte über den Wagen: „Der Wagen ist sehr gut erhalten, bei den guten Strassen war es dringend notwendig, einen solchen Wagen zur neuen Motorspritze anzuschaffen, damit man auf dem schnellsten Weg zur Brandstätte kommen kann ..."

Staatsarchiv Augsburg, BA Kempten 120/122.

68 Motorspritzen brauchen Pflege

1930

Merkblatt für die Behandlung von Motor-Feuerwehrgeräten.

Der Bayerische Revisions-Verein (Maschinentechnische Beratungs- und Revisionsstelle für Kraftfahrzeuge) übersandte im Jahr 1930 dem Bezirksamt Kempten (Allgäu) Merkblätter für die Behandlung von Motorfeuerwehrgeräten. Diese Merkblätter, die eine genaue Anweisung zur richtigen Pflege und Wartung der Motorfeuerwehrgeräte enthalten, waren denjenigen Gemeinden im Bereich des Bezirksamtes Kempten (Allgäu) zugedacht, welche im Besitz eines Motorfeuerwehrgerätes waren. Die Merkblätter mussten auf feste Pappe oder Holz aufgezogen und an geeigneter Stelle innerhalb des Feuerwehrhauses angebracht werden.

Staatsarchiv Augsburg, BA Kempten 120/108.

69 Schläucheweben in Bachhagel

1927–1942

a) Bauplan zum Neubau einer Weberei für Feuerwehrschläuche in Bachhagel als Fabrikfiliale durch Kurt Ziegler mit 2 Fotos; eingezeichnet sind auch die Schlauchwebereimaschinen, 1936.

b) Firmenkatalog „Albert Ziegler, Spezialfabrik für Schläuche und Feuerwehrausrüstungen Giengen a. Brenz; Bayer. Filiale: Bachhagel bei Lauingen a. Donau", 1929.

c) Schlauchprospekt „Ziegler Zuverlässig", 1935.

d) Schlauchprospekte „Ramiekönig, der gummierte Hochdruckschlauch" und „Bayerland", um 1927.

e) Prospekt der Schlauchwaschmaschine „Allemania", um 1933.

f) Prospekt „Artikel zur Schlauchpflege", um 1933.

g) Prospekt „Ziegler Motorspritzen sind leistungsfähig und zuverlässig"; um 1936.

h) Briefköpfe mit Firmenansichten: 1928, 1933, 1936, 1936, 1942.

Albert Ziegler (1862–1910) gründete 1891 in Giengen an der Brenz eine Schlauchweberei und Spinnerei. Bald kamen Produktion und Vertrieb von Schlauchpflegegeräten und Feuerwehrausrüstungen hinzu. Kurt Ziegler (1896–1973), Sohn der Eheleute Albert Ziegler und Hermine geborene Glass, baute das Unternehmen weiter aus. In Bachhagel war das frühere Elektrizitätswerk durch die Firma Ziegler angemietet worden. Unter Kurt Ziegler entstanden die Ziegler-Qualitätspumpen, die Ziegler-Tragkraftspritze sowie Ziegler-Werfer und Zumischsysteme. Dipl.-Ing. Günther Ziegler (1930–1998) baute die Firma zu einem Komplettanbieter in Brand- und Katastrophenschutz aus und begann 1953 mit der Fertigung von Feuerwehrfahrzeugen. Heute besteht in Bachhagel die Ziegler-Fahrzeugbau-GmbH als eigenständige Produktionsstätte für Feuerlöschfahrzeuge.

Staatsarchiv Augsburg:
a) Baupläne Dillingen a.d.Donau 350/1936.
b) BA Krumbach Abgabe 1986/676.
c) BA Lindau 5318.
d) BA Krumbach Abgabe 1986/678.
e) BA Krumbach Abgabe 1986/678.
f) BA Krumbach Abgabe 1986/678.
g) BA Lindau 5318.
h) 1928 (BA Krumbach Abgabe 1986/678); 1933 (ebd.); 1936 (BA Lindau 5318 und Baupläne Dillingen a.d.Donau 350/1936); 1942 (BA Donauwörth n.S. 9895).

70 Gebrauchtwagen für die Feuerwehr

1929–1931

Foto des von der Gemeinde Waltenhofen beschafften Mannschaftswagens mit angehängter Motorspritze samt Rechnung über die Lafettenmotorspritze und Untersuchungsbericht des Bayerischen Revisionsvereins in München über den Zustand des Mannschaftswagens.

Die Daimler-Benz AG, Werk Gaggenau in Baden, lieferte mit Rechnung vom 19. Dezember 1929 eine Lafettenmotorspritze mit Elastikbereifung zum Preis von 8500 Reichsmark an die Gemeinde Waltenhofen. Mit Rechnung vom 1. März 1930 kauft die Gemeinde Waltenhofen bei Andreas Hörburger in Waltenhofen einen älteren Personenkraftwagen Marke „Horex“, Fabrikat „Oryx“ (Kennzeichen: II Z 5476) für 1300 Reichsmark. Diesen lackierte der Lackierermeister Johann Berchtold in Waltenhofen in den Farben Rot und Schwarz. Schließlich baute der Wagenbauer Leopold Berchtold in Waltenhofen das Fahrzeug mit 6

Mannschaftssitzen und 4 Schlauchhaspeln für Feuerlöschzwecke zum Preis von 357 Reichsmark um.

Der Gemeinderat Waltenhofen schickte das Foto samt Anlagen an das Bezirksamt Kempten (Allgäu) zur Weiterleitung an den Bayerischen Landesfeuerwehrverband in München, um einen Zuschuss zu den Anschaffungskosten zu erhalten, der in Höhe von 180 Reichsmark auch gewährt wurde.

Staatsarchiv Augsburg, BA Kempten 120/147

71 „Allemania" nach Waltenhofen

1935

Verhandlungsniederschrift mit Rechnung über die an die Gemeinde Waltenhofen gelieferte Hochleistungskleinmotorspritze „Allemania" samt Zubehörliste.

Da die weit verzweigte Gemeinde Waltenhofen aus 23 Ortschaften und Weilern mit vielen Einzelhöfen bestand und die im Jahr 1929/1930 angeschaffte Lafettenmotorspritze über 20 Zentner wog und besonders im Winter bei schlechten, mit Steigungen versehenen Wegen nur sehr schwierig an Ort und Stelle zu bringen war, wollte die Gemeinde zusätzlich eine leicht zu befördernde, tragbare Kleinmotorspritze beschaffen. Laut Rechnung vom 21. November 1935 lieferte die Feuerlöschgerätefabrik und Schlauchweberei Albert Ziegler mit Werken in Giengen an der Brenz und Bachhagel eine trag-, zieh- und fahrbare Hochleistungskleinmotorspritze „Allemania" mit Zubehör und Transportwagen für 3224 Reichsmark.

Staatsarchiv Augsburg, BA Kempten 120/147.

72 Motorspritzenprospekte: „Liliput" (Magirus), „Goliath" (Magirus) und „Siegerin" (Flader)

1936–1942

a) Prospekt „Liliput" (Magirus).

b) Prospekt „Goliath" (Magirus).

c) Prospekt „Siegerin" (E.C. Flader).

a) Staatsarchiv Augsburg, BA Füssen 3514.
b) Staatsarchiv Augsburg, BA Kempten 120/140.
c) Staatsarchiv Augsburg, BA Füssen 3514.

72b

73 „Minimax" und „Total" immer zur Hand

1936

a) Prospekt „Minimax Nasslöscher".

b) Prospekt „Total".

c) Merkblatt „Fragen ... die Minimax zur Zufriedenheit beantworten kann".

Im Jahr 1936 wurde die Einführung von „Ortsfeuerschutznetzen" durch Kauf und Verwendung von Handfeuerlöschern propagiert.

a–c) Staatsarchiv Augsburg, BA Donauwörth n.S. 9874.

74 2000 Liter Wasser an Bord

1937

Foto der laut Rechnung vom 4. März 1937 von der Stadt Füssen zum Preis von 14.000 Reichsmark erworbenen „Mercedes-Benz-Spezial-Tankfeuerspritze".

Als Zubehör wurde noch ein Vorbauschneepflug für 990 Reichsmark geliefert. Das Tankfassungsvermögen betrug 2000 Liter.

Staatsarchiv Augsburg, BA Füssen 3519.

75 Immer auf Achse

1938

3 Fotos des Motorspritzentransportwagens in Grünenbach.

Abgebildet ist der Transportwagen der Motorspritze einmal als Autoanhänger, einmal als Pferdewagenumbau und einmal in Betriebsstellung (Heckansicht)

Staatsarchiv Augsburg, BA Lindau 5316.

76 Planmäßiges Einpacken wird Pflicht

1942

Anordnungen über den Bau von Feuerwehrfahrzeugen, Heft 1: Leichtes Löschgruppenfahrzeug (LLG) – Beladeplan (2. Ausgabe).

Das Reichsluftfahrtministerium ließ ab 1934 Kraftfahrspritzen (KS), ab 1936 Kraftfahrdrehleitern (KL) und ebenfalls ab 1936 Kraftzugspritzen (KzS), welche die Feuerlöschpumpe in einem Tragspritzenanhänger mitführte, bauen. Die ab 1940 erlassenen Richtlinien „Anordnungen über den Bau von Feuerwehrfahrzeugen", erlassen vom Reichsministerium des Innern, enthalten technische Zeichnungen und Beschreibungen über Aufbau und Ausrüstung der Fahrzeuge. Sie waren für alle Hersteller verbindlich. Bis zum Jahr 1943 erschienen insgesamt 10 Einzelhefte, die nicht nur Löschgruppenfahrzeuge (LG) und Kraftfahrdrehleitern (KL) unterschiedlicher Gewichtsklassen enthielten, sondern auch Schlauch- und Rüstkraftwagen. Manche Entwürfe konnten aber wegen des Krieges nicht mehr realisiert werden. Da für die Feuerwehr zeitweise Reichsinnenministerium und Reichsluftfahrtministerium gleichzeitig zuständig waren, hieß das gleiche Fahrzeug beispielsweise einmal Kraftfahrspritze (KS) und auch Löschgruppenfahrzeug (LG), oder einmal Kraftfahrdrehleiter (KL) und auch Drehleiter (DL). In erster Linie wurden die für den Luftschutz wichtigen Löschgruppenfahrzeuge in sehr großen Stückzahlen produziert. Besondere Bedeutung erlangten auch die Schlauchkraftwagen. Infolge der Bombenangriffe auf Städte und Industrieanlagen wurden gewaltige Schlauchmengen benötigt. Der Bau von Kraftfahrdrehleitern (KL) hingegen war zurückgeschraubt worden. So lieferte Metz zwischen 1936 und 1938 an die Städte Hamburg, Nürnberg und Berlin Fahrzeuge mit 46 Metern Auszugslänge, während Magirus für München 1939 eines mit 45 Metern Steighöhe baute. Erst 1943 erfolgte eine einheitliche Typenkennung aller Feuerwehrfahrzeuge.

Staatsarchiv Augsburg, BA Füssen 3522.

Literatur

Augsburg. 150 Jahre Freiwillige Feuerwehr Augsburg. 100 Jahre Berufsfeuerwehr Augsburg, hrsg. von Josef Korschinsky, Frank Habermaier, Reinhard Springer und Dr. Matthias Nöllke, Augsburg 2000.

Burtenbach – Festschrift zum 125jährigen Gründungsjubiläum der Freiwilligen Feuerwehr Burtenbach, Burtenbach 1996.

Tobias Engelsing, Im Verein mit dem Feuer – Die Sozialgeschichte der Freiwilligen Feuerwehr von 1830 bis 1950, Konstanz 1990.

Hans Erpf (Hrsg.), Das große Buch der Feuerwehr, Bern-Stuttgart 1975.

Gustav Ewald, Die Geschichte der Feuerspritze bis 1945, Stuttgart 1978.

Egid Fleck, Gestalten aus dem Brandschutz- und Feuerwehrwesen in Baden und in Württemberg, Stuttgart 1963.

Manfred Gihl, Geschichte des deutschen Feuerwehrfahrzeugbaus. Wie die Feuerwehren mobil sind, 2 Bde., Stuttgart 2000.

Bolko J.E. Hartmann, Deutsche Feuerwehruniformen und Helme, Stuttgart 1984.

Oliver Hochadel, „Hier haben die Wetterableiter unter den Augsburger Gelehrten eine kleine Revolution gemacht". Die Debatte um die Einführung der Blitzableiter in Augsburg (1783-1791). In: Zeitschrift des Historischen Vereins für Schwaben, Bd. 92, Augsburg 1999, S. 139–164.

Wolfgang Hornung-Arnegg, Feuerwehrgeschichte. Brandschutz und Löschgerätetechnik von der Antike bis zur Gegenwart, 4. Auflage, Stuttgart 1995.

Josef Korschinsky u.a., Feuerwehr Augsburg. 150 Jahre Freiwillige Feuerwehr Augsburg, 100 Jahre Berufsfeuerwehr Augsburg, Augsburg 1999.

Wolfgang Kunath, Das Feuerwehrwesen in Bayern rechts des Rheins, phil. Diss. Erlangen 1927.

Conrad Dietrich Magirus, Das Feuerlöschwesen in allen seinen Theilen (Quellen zur Geschichte der Feuerwehr und Feuerwerkerei, hrsg. vom Deutschen Museum), Zürich 1978 (Nachdruck der Ausgabe Ulm 1877).

Johann Mang, Das Recht der Feuerwehren in Bayern, 7. Auflage, München-Berlin 1951.

Mercedes-Benz Museum, Museumskatalog, Stuttgart 1992.

Hans-Martin Mumm, Carl Metz (1818–1877). Biographische Anmerkungen zu einer Feuerwehrlegende. In: Martin Langner (Hrsg.), Feuer schwarz. Eine deutsche Feuerwehrgeschichte am Beispiel Heidelbergs, Heidelberg 1996, S. 63–82.

Felix R. Paturi, Chronik der Technik, Dortmund 1989.

Udo Paulitz, Das große Buch der Feuerwehrfahrzeuge, Augsburg 1998.

Hans Georg Prager, Florian 14: achter Alarm! Das Buch der Feuerwehr, 3. Auflage, Herford 1980.

Klaus Rabe, Der Zukunft ein Stück voraus. 125 Jahre Magirus, Düsseldorf-Wien-New York 1989.

Reinhard H. Seitz – Walter Steurer, Feuerspritzen der Lauinger Glokkengießer Franz Joseph und Anton Weingarthen. In: Jahrbuch des Historischen Vereins Dillingen an der Donau, 64./65. Jahrgang 1962/1963, Dillingen 1963, S. 81–87.

Martina Spies, „Feuersnoth" und die Entstehung der Gebäudebrand-Versicherung in Schwaben. In: Zeitschrift des Historischen Vereins für Schwaben, Bd. 83, Augsburg 1990, S. 163–216.

Sigrid Thurm (Bearbeiterin), Deutscher Glockenatlas: Bayerisch-Schwaben, hrsg. von Franz Dambeck und Günther Grundmann, München-Berlin 1967.

Bernd Wucke, Gebrochen ist des Feuers Macht: Ein Abriss zur Geschichte der Feuerwehr, Erlensee 1995.

Gustav Wulz, Die Nördlinger Glockengießer und Zinngießer. In: 19. Jahrbuch des Historischen Vereins für Nördlingen und Umgebung 1936, Nördlingen 1937, S. 82–92.